엄띵이 쌤의
세 가지 맛
과학 공부법

엄띵이 쌤의
세 가지 맛
과학 공부법

성진주 지음

과학이 한자와 국어를 만날 때

궁리
KungRee

성유복, 강순남

두 분께

세 가지 맛 과학 즐기기

:

저는 과학 교사로 살아가고 있습니다. 어렸을 때를 생각해보면 과학으로 이렇게 밥 먹고 살 수 있으리라고는 상상조차 하지 못했어요. (초등학교 때 장래 희망은 '개그우먼'이었답니다.) 과학은 어렵고 따분하기만 했고, 왜 공부하는지 또 어떻게 공부하는지도 모르는 과목이었으니까요. 중학교 3학년 12월에 고등학교 입학을 위한 연합고사 시험을 봤어요. 결과를 보니 과학에서 절반 이상이 틀렸지 뭐예요. (그렇게 과학을 편애(?)하던 제가 과학을 가르치고 있다니요!)

고등학교 때도 마찬가지였어요. 바로 아래 후배들부터 교복이 생기기 시작했으니, 아침마다 입고 갈 옷을 고민했었죠. 그래봤자 고무줄 바지(체육복이 짱입니다.)에 티셔츠가 다였어요. 하지만 물리 수업이 있는 날에는 티셔츠 색깔에 특별히 신경써야 했죠. "오늘은 빨간색!", "오늘은 검은색!"이라는 선생님의 말씀에 해당 색깔의 상의를 입은 학생이 앞으로 나가서 문제를 풀어야 했거든요. 그 당시 제가 이해할 수 있는 물리 문제는 하나도 없었답니다. 그래서 우리 반 절반 이상이 입고 다니는 흰색 티셔츠를 입는 꼼수를 부린 날이 많았어요. (등 뒤에 있는 빨간색 꽃무늬에 당한 적도 있었지만요.)

과학이라고 하면 별로 좋은 기억이 없지만 화학은 참 좋아했어요. 선생님의 자신만만한 모습이 멋졌고 매시간 나눠주신 깔끔한 학습지도 너무 좋았거든요. 지금 생각해보니 이유 없이 그냥 재미있었어요. 그때 그 선생님과 십 대의 저를 돌아보며 질문해봐요. '나는 어떤 모습의 교사일까?' 학생들이 어떻게 느낄지 궁금해지는 순간입니다.

이 책을 쓰는 동안 '엄띵아!'라고 불리던 학창 시절이 자꾸 떠올랐어요. '엄띵이'가 엉뚱한 사람을 낮잡아 부르는 말이라지만, 오로지 '재미'가 중요한 저로서는 사랑스럽기만 한 단어예요.

슬프게도 엄띵이의 고향에는 아직 도서관이 없습니다. 빽빽하게 꽂혀 있는 다양한 책 앞에서 '어떤 것을 읽을까?' 하는 행복한 고민을 하려면 근처 도시로 나가야 해요. "컴퓨터만 있으면 안 되는 게 없는 세상인데, 도서관이 없는 것이 그리 큰 문제냐?"라고 말할 수 있겠지요. 하지만 도서관에 가면 사방에서 말을 걸어오는 수많은 책을 만날 수 있어요. 또 다양한 책을 직접 만져보며 책 두께, 표지에 쓰인 서체나 그림도 눈여겨볼 수 있구요. 종이 재질, 책장 넘길 때 나는 소리, 책 특유의 냄새도 느낄 수 있죠. 컴퓨터 속 영상은 생각할 틈을 주지 않지만, 책은 '생각할 거리'를 던져줍니다. 책을 읽을 때 머릿속으로 나만의 그림을 그리고 '왜?'라고 질문하며 고민하게 되니 말이죠. 제가 자란 그곳의 아이들에게 책이 주는 소중한 경험을 선물하고 싶어 이 책을 쓰기 시작했어요.

몸의 감각을 열어야 재미있어지는 독서는 공부법과도 닮아 있어요. 눈은 집중하고 귀는 활짝 열며 손과 입은 부지런히 움직여주면 되죠. 이 것이 공부의 기본자세라고 저는 믿고 있어요. 오감을 이용하면 공부에 큰 도움이 되지만 실제로 실천하는 학생이 많진 않아요. 큰 소리로 말하는 것이 부끄럽고, 수업 시간 내내 집중하기가 쉬운 일은 아니니까요. 조금은 설렁설렁 공부하는 척 해줘야 타고난 두뇌를 가진 사람처럼 더 멋져 보인다는 생각을 할지도 모르겠네요.

선생님 말에 귀 기울이며, 손을 움직여 그림과 그래프를 직접 그려보고 과학 개념 한번 옮겨 써보는 것, 교과서에 소개된 개념이나 법칙, 원리를 입으로 말해보는 것, 그것이 곧 공부라는 점을 강조해봅니다.

하굣길 아이들 얼굴이 제일 해맑아요. ('이제 학교 탈출!' 같은 느낌인가 봅니다.) 수업 시간에는 눈꺼풀이 내려앉고 잠시 숨 좀 고르자며 휴식 시간을 주면 학원 숙제 하느라 바빠요. 해야 할 공부가 너무 많아 쫓기듯 살아가는 아이들에게 과학까지 짐이 되게 하고 싶진 않아요. 과학을 소개하고 '과학 문해력'을 기르는 데 도움을 주고 싶을 뿐이죠. 이때 주연급으로 등장하는 것이 바로 '한자'와 '국어'인데요. 과학 지식 중 으뜸인 과학 개념이 대부분 한자어이고, 과학 교과서 속 문장을 이해하기 위해서는 글을 읽는 기본기가 필요하기 때문이에요. 요약하자면 이 책은 '과학 공부를 위한 한자와 국어의 콜라보'라고 할 수 있겠습니다.

'이게 과학책 맞나요? 아무 생각 없이 읽다 보니 과학에 관심이 생겼어요.'라고 말하는 학생이 많아지길 바라며, 작은 이야기 보따리를 풀어보려고 해요. 30년 전 엄떵이와 비슷한 수준의 아이들이 과학을 좀 더 가까이하길 바라는 마음으로요. 3년 치 중학교 과학 교과서를 기반으로 한 책이니만큼, 한 번에 이해하겠다는 욕심은 버리고 천천히 세 번만 읽겠다는 마음으로 시작해보세요.

과학은 조금 알면 신기하고 조금 더 알면 궁금해지는 것이 많아지며 더 알게 되면 이 세상을 움직이는 보이지 않는 힘이 있으리라는 막연한 생각을 하게 됩니다. 종교적인 의미라기보다 우주가 움직이는 원리를 조금 맛본 느낌이랄까요? 그래서 과학을 공부하다 보면 자연스레 겸손해지나 봐요.

마지막으로 수업 시간에 항상 강조하는 두 가지를 남겨봅니다. '첫째, 모든 것은 태도에서 나온다. 둘째, 인생은 리액션이다.' 첫째는 나를 바르게 하는 과정(자립)이고, 둘째는 나와 함께하는 사람 모두가 윈윈(win-win)하기 위한 작은 노력(공존)이라고 생각해요.

더불어, 저와 함께하는 분들께 감사를 전합니다. 형편없는 개그를 다 받아주는 가족과 같이 울고 웃는 친구들, 선생님과 제자들에게 고마운 마음을 전해요. 그리고 이 책이 세상에 나올 수 있도록 손잡아준 궁리출판 여러분께 감사 드립니다.

2025년 9월

엄떵이

차례

1장. 과학과 만나기

4장. 국어, 과학이랑 친해지기

1장

과학과 만나기

1
과학을 왜 배우냐면요

과학을 공부하는 것이 엄청 멋진 일이거든요

'과학을 누가 도대체 왜 만들어서 나를 이렇게 괴롭히는 거야!'라고 생각하나요? 그렇죠. 보이지도 않는 원자를 왜 배우는지 모르겠고, 외워야 할 공식이랑 단위는 왜 그렇게 많은지… 이런 걸 만든 이 세상 모든 과학자가 원망스러운 그 마음, 알아요. 저도 그랬거든요.

그런데 지금 이렇게 과학으로 제 삶이 채워지다 보니 과학을 왜 공부하는지 조금은 알 것 같아요. 나뿐만 아니라 내가 사랑하는 사람들, 숨쉴 때 필요한 공기, 더운 여름날 내 몸속까지 시원하게 해주는 한 컵의 물, 학교 가는 길 바위틈에 핀 이름 모를 꽃, (들꽃이라고 해서 이름이 없는 건 아니랍니다. 우리가 그 이름을 몰라서 안 불러준 것뿐이죠.) 갖고 싶은 최신 스마트폰까지 우리 주변에 과학과 관련되지 않은 게 없어요. 방금 말한

그림 1-1 　나와 친구들, 공기, 물, 바위, 들꽃, 스마트폰 모두 과학

것들이 모두 과학과 친구라면 믿을 수 있겠어요?

　'과학'을 만나 알고 이해하는 것은 곧 나를 사랑하고 내 주위에 있는 모든 것을 사랑하는 일이라고 할 수 있어요. 너무 거창하다고요? 아뇨. 저를 따라오다 보면 과학을 공부하는 것이 거창하기만 한 게 아니란 걸 알 수 있어요. 눈에 보이지 않는 아주 작은 것에서부터 크게는 우주까지도 내 마음속에 품을 수 있는 멋진 일이거든요.

　사실, 제가 과학을 공부하는 솔직한 이유는요. 바로 바로 바로, 멋있어 보여서입니다. 과학책을 보고 있는 내가 멋져 보이고(어디까지나 제 생각입니다.) 새로운 것을 알게 되거나 과학적인 시선으로 같은 것을 다르게 보게 될 때, 배꼽에서 간질간질한 느낌이 나거든요. 그 즐거움 때문에

엄떵이 쌤의 세 가지 맛 과학 공부법·

과학을 가까이 하나 봐요.

이제 과학이 뭔지 말해볼게요. 학문으로서의 과학 분야를 말하는 거예요. 과학은 나와 나를 둘러싼 '물질과 생명', 더 크게는 '우주'에 대해 탐구하는 학문이에요. 여기에 더해 '물체의 움직임'도 공부하죠. 물체의 움직임은 '운동'이라는 과학 개념과 연결되고, '시간에 따라 물체의 위치가 변하는 것'으로 정의해요. 그러니까 공원에서 어르신들이 운동 기구로 '운동'하는 것과는 그 의미가 다르지요.

물질과 물체의 차이부터 말해볼게요. 기억나지 않겠지만 초등학교 때 이미 배웠답니다. 축구공이 물체고 축구공을 만드는 재료인 고무가 물질이에요. 움직이는 것은 축구공이니까 축구공 같은 '물체의 운동'에 대해서 공부한다는 거죠.

자! 다시 정리합니다. 과학은요. 물체의 운동과 에너지를 다루는 '물리학', 물체를 이루는 물질에 대해서 다루는 '화학', 살아 있는 것에 대한 '생명과학', 마지막으로 지구를 포함해 우주까지 다루는 '지구과학', 이렇게 네 영역으로 나눠요. 보통 첫 글자만 따서 '물화생지'라고 하죠.

공부를 해도 해도 잘 몰라서 물리기만 하는 '물리학', 공부할수록 화가 난다는 '화학', 외워도 외워도 외워지지 않아 공부할 때마다 좌절해서 시체처럼 만드는 '생명과학', 정말이지 이 모든 걸 버리고 지구를 떠나고 싶게 만드는 '지구과학'이라고요? 이제 이런 느낌의 과학과는 작별하고 새로운 과학을 만나러 가봐요.

'물화생지'는 우리가 배워야 하는 과목으로 나눈 것이구요. 편의상 나눠놨을 뿐 각 분야는 서로 끈끈하게 연결되어 있어요. 그런데 '이 세상 모든 것이 과학이구나!' 싶을 정도로 그 범위가 방대하지 않나요? 맞아요. 그래서 과학을 만나서 알고 이해하는 것 자체가 엄청 멋진 일이라는 거예요.

문화와 문명 어느 것 하나 양보할 수 없다구요

'문화'와 '문명'이라는 단어를 들어본 적 있나요? 저는 '문화' 하면 K-문화가, '문명' 하면 잉카제국의 마추픽추와 이집트의 피라미드와 스핑크스가 떠올라요.

좀 더 자세히 살펴보면 문사철(인문학으로 분류되는 대표 학문인 문학, 역사, 철학을 아우르는 말로 쓰여요.)로 대체되어 불리는 인문학이 남기는 것이 '문화'구요. 물리학, 화학, 생명과학, 지구과학, 공학, 의학 등으로 이루어진 자연과학이 '문명'을 남겨요. 무슨 말인지 모르겠다구요? 그럴 때는 문명 앞에 '기술'을 붙여보세요. 오늘날 기술문명의 결과인 컴퓨터나 로봇을 생각하면 쉽게 이해가 되죠. 아니면 '물질문명'이라는 단어를 떠올려봐도 좋겠네요. 그러고 보니 과학이 문화와는 어째 관련이 적은 느낌인데요. 과연 그럴까요?

일상생활에 없어서는 안 될 스마트폰을 한번 생각해봐요. 과학기술의 산물인 스마트폰이 있어서 손쉽게 비대면으로 소통하는 문화가 가능해졌어요. 미술관에 가면 기술 공학적인 힘을 빌려 주변 자극에 반응하는 '사이버네틱 아트'를 즐길 수 있어요. (예술은 문화를 표현하는 양식 중 하나입니다.) 또 X선 촬영이나 고정밀 3차원 스캐닝을 통해 유물을 파괴하지 않고 분석할 수도 있죠. 이는 문화유산 복원으로 이어지고 메타버스 기술과 합쳐져 시공간을 뛰어넘어 살아 있는 역사와 만나게 해줘요.

여기서 과학기술을 이용한다는 것은 문명의 '도구'를 사용한다는 건데요. 그러니까 과학이 남긴 문명의 도구가 문화와도 다시 손을 잡는 거죠. 꼭 과학이 문화와 문명을 연결해주는 것처럼 보이네요. 이것뿐이겠어요? 사실 자랑거리가 더 많은 과목이 '과학'이랍니다.

예술가 '백남준'을 아나요? 저에게는 멜빵을 입은 모습으로 기억되는 아티스트인데요. TV를 층층이 쌓아서 만든 〈다다익선〉이라는 작품을 제작한 분이죠. 현재 이 작품은 과천에 있는 국립현대미술관에 전시되어 있는데, 작품을 뛰어넘어 미술관을 지키는 수호신 같은 느낌을 줍니다. 전시관에 들어서면 처음에는 압도적인 크기에 한 번 놀라고, 무려 1003대의 브라운관을 통해 나오는 다채로운 영상에 또 한 번 놀라요. 브라운관은요. 요즘 TV와는 달리 뒷부분이 튀어나와서 뚱뚱이 TV, 배불뚝이 TV라고도 불려요. 개천절의 의미를 담아 총 1003대의 TV를 탑처럼 쌓아 올렸다고 합니다.

왜 작품명이 다다익선(多多益善)일까요? 집에 TV가 여러 대 있어서 식구들이 각자 한 대씩 끼고 다른 채널을 볼 수 있다면 다다익선이 맞긴 하네요. 당연히 작품 속 의미는 아니랍니다. (이런 농담이 자주 나올 수 있으니 바짝 긴장해야 해요. 흐름을 놓치지 않도록요.)

'다다익선'이라는 제목은 이 작품을 위해 힘쓴 수많은 협력자들의 창작 태도를 압축적으로 표현하는 단어래요. 음악가, 건축가, 공학자, 기술

자 등 많은 사람들이 〈다다익선〉을 위해 한마음이 된 순간들이 그려지네요. 그래서 "다양한 분야의 사람들이 서로 협업하며 얼마나 많은 노력을 했는지 보여주는 증거가 되었다."는 평가를 받고 있죠.

과학에 의한 기술문명을 이용해 예술작품을 만들었으니, 과학이 예술의 발판이 되고 또 예술 속에 과학이 비밀스럽게 숨어 있다는 생각도 들어요. 문화와 문명이 다르지만, 과학이라는 보이지 않는 끈으로 이어져 있는 듯하네요.

『코스모스』, 『총균쇠』, 『사피엔스』… 책 두께가 떠오르면서 머리가 아프죠? 두께가 벽돌만 하다는 의미에서 붙여진 '벽돌책'이라는 단어가 아직 사전에는 없는데요. 이런 두꺼운 벽돌책 중에서 인지과학자 '더글러스 호프스태터'가 쓴 『괴델, 에셔, 바흐: 영원한 황금 노끈』이라는 책이 있어요. 이 책은 수학자 괴델, 미술가 에셔, 음악가 바흐를 통해 느슨해 보이는 세 분야 사이의 마법 같은 연결을 보여줘요.

과학을 공부하게 되면요. 또 과학의 특정 분야에 대해 더 깊이 알고 사랑하게 되면요. 과학과 관련 없어 보이는 미술, 음악 그 외 다른 분야 사이의 황금 노끈을 찾을 수 있게 될지도 몰라요. 그것도 끊어질 수 없는 '영원한 황금 노끈'을 말이죠.

미지수 같은 나를 풀어갈 때 필요해요

매년 학기 초에 학생들의 장래희망을 조사해요. 대개는 생활기록부라는 묵직한 단어 때문에, 뭐라도 적어내려고 고민하기 일쑤예요. ('희망' 때문에 매일 달라져야 할 것 같은데 말이죠.) 자신 있게 꿈을 적어나가는 친구를 부러워하며 난감해하는 학생들도 매번 만나게 됩니다. 그러면 '장래희망 없음'보다 더 부드러운 '진로탐색 중임'이라는 문구로 빈칸을 채워줘요. 청소년기는 자신이 무엇을 좋아하고 잘하는지 찾아가는 시기니까요. 그러니 무한한 가능성을 품고, 이것저것 시도하며 실패하고 또다시 시도해보면서 꿈을 찾아보세요.

나이 마흔을 훌쩍 넘은 저도 아직 저를 잘 몰라요. 그래서 매일 '나'를 풀어가는 중이죠. (교사로 살고 있지만 그림도 그리고 노래도 부르고 싶거든요.) 저도 이런데 우리 친구들은 오죽하겠냐구요. 꿈은커녕 과학 개념 하나 이해 못 하고 외워지지 않아 속상할 때가 있을 거예요. 시험 문제를 풀 때 공식이 기억나지 않을 때도 많을 거구요. 그럴 때마다 자책하며 '으아아악, 이거 외웠는데 생각이 안 나.', '그럼 그렇지. 내가 이렇지. 휴.' 라고 말하게 되죠.

이제는 그런 순간이 와도 자신을 너무 책망하지 말고 이렇게 말해보세요. '나는, 아직 풀리지 않은 미지수다.'라고요. 아직 황금 노끈과 연결된 그 무엇도 찾지 못한 자신을 응원하는 마음으로요.

그렇다면 미지수와도 같은 나를 제대로 알기 위해 어떻게 해야 할까요? 공부로 한정시켜 보자면요. 객관적인 눈으로 나를 '관찰'하는 것이 우선이에요. 그런 후 좋아하는 과목과 어려운 과목을 '분류'해보구요. 어떤 공부법이 잘 맞는지 찾아서 '실행'해보면 돼요. 실행하는 과정에서 '효율'도 따져보고 '결과'도 '분석'해봐야 합니다. 아니다 싶을 땐 끊임없이 '시행착오'를 겪어보면 되는 거구요. 그런데 적고 보니 놀랍게도 모두 '과학'이네요.

2

무엇보다, 과학은 매력덩어리랍니다

과학도 성격 있습니다

과학을 공부하는 이유는요. 미지수 같은 나를 알고 내 주위에 있는 물체와 물질, 생명과 우주에 대해 알기 위해서예요. 너무 거창한가요? 앞에서도 말했지만 좀 거창해도 되는 과목이 '과학'이랍니다. 하지만 정직하게 공부하지 않으면 정말 '과한 학문'이 될 수 있어요.

해가 갈수록 과학이 어렵다고 말하는 학생들이 많은데요. 교과서가 벽돌책만큼 두꺼운 것도 아닌데 말이죠. 학생들 중에는 겁먹은 상태로 과학 공부를 시작하는 경우도 있구요. 심지어 접근조차 못 하기도 해요. 아마 어려운 과학 지식이나 공부 자체에 대한 거부감이 크기 때문일 거예요. 또 선생님 설명을 듣자마자 바로 이해하길 원해서일 수도 있구요.

『코스모스』를 쓴 칼 세이건이 "과학은 단순히 지식의 집합이 아니다.

과학은 생각하는 방법이다."라고 했어요. 여기에 제가 감히 좀 덧붙여보면요. "그러니 지식의 집합을 공부하느라 너무 열 내지 말고 쉬엄쉬엄 여유를 갖고 생각하는 방법을 터득하도록 하세요!" 어때요? 과학 공부에 대한 부담감이 조금 줄어드나요?

우리가 어렵다고 생각하는 모든 공부는 '관심'에서 시작돼요. 특히 과학은 더 그렇죠. 과학이라는 지식 체계를 만들기 위한 첫 시작이 '호기심'이거든요. 자! 그렇다면 이제는 '과학'이란 녀석의 성격을 호기심을 갖고 알아볼게요.

'과학도 사람처럼 성격이 있다고?' 이런 생각이 들 거예요. 그런데 우리가 공부하는 이 '과학'도 성격이 있어요. 그것을 '과학의 본성(NOS, Nature of Science)'이라고 해요. '본래 갖고 있는 성질' 정도로 풀어볼 수 있죠. (실제 '성질'이라는 단어로 다 담아낼 수 없는 과학의 다양한 요소가 있답니다.) 어랏! 손흥민 선수의 팬들은 약어 NOS를 보고 생각나는 거 없나요? SON을 시계방향이든 반시계방향이든 180°로 회전하면 NOS가 된다는 사실, 좀 놀랍죠? 알파벳 모양에 놀란 게 아니라 이야기가 갑자기

그림 1-2 SON 그리고 과학의 본성 NOS

엄떙이 쌤의 세 가지 맛 과학 공부법 ·

새는 것에 놀랐죠? 이게 바로 엉뚱이 과학 교사의 매력이랍니다.

본래 갖고 있는 성질이라고 했으니 '과학의 성격은 이렇다.'라고 딱 잘라 말할 수 있을 것 같지만 그렇지 않아요. 과학을 누가 어떤 관점으로 보느냐에 따라 견해가 다르기 때문인데요. 그래서 과학철학자, 과학역사학자, 과학사회학자 등이 과학의 본성에 대한 공통된 합의를 이끌어 내려고 노력해왔어요. 하지만 여전히 과학은 기술·사회와 상호작용하며 역동적인 모습을 보여주기 때문에, 그 자체만으로 충분히 '매력덩어리'가 될 자격이 있어요.

과학의 본성에 대한 생각 중 '그래, 이건 과학의 성격이라 할 만하지.'라거나 '정말? 내 생각이랑 다른데?'라고 할 법한 몇 가지를 옮겨볼게요. 다음 내용을 보고 '맞다!', '아니다!'로 판단해보고 그 이유도 생각해보면 과학 공부에 도움이 될 거예요.

과학 지식은 틀림없는 진리일까요?

과학도 수학처럼 '변하지 않는 진리를 담고 있다.'고 생각하는 친구들이 많아요. 하지만 그렇지 않아요. 측정 도구가 발달함에 따라 새롭게 관찰되거나 새로운 실험이 진행되기도 하거든요. 과거에 진리처럼 믿었던 이론이 다른 이론으로 대체되기도 하구요. 과학 개념이 점점 진화하면서 변화될 수도 있어요.

다른 이론으로 대체된 대표적인 예가 천동설과 지동설이에요. 천동설

은 태양, 달, 행성들이 지구를 중심으로 회전한다는 이론으로, 2세기경 고대 그리스 천문학자인 프톨레마이오스가 주장했어요. 태양이 매일 동쪽에서 떠서 서쪽 하늘로 지는 것처럼, 지구는 움직이지 않고 하늘이 움직이는 것 같다고 해서 하늘 천(天), 움직일 동(動)을 써서 천동설(天動說)이라고 해요. 지동설(地動說)은 시간이 한참 지난 16세기경 코페르니쿠스가 주장한 것으로, 태양을 중심으로 지구와 달, 다른 행성들이 공전한다는 이론이에요.

천동설과 지동설을 이해하기 어려울 때는 회전의 중심에 뭐가 있는지 알면 돼요. 천동설은 지구가, 지동설은 태양이 중심에 있어요. 그런데 사실 정확히 말하면 중심은 아니랍니다. 왜냐하면 행성이 회전하는 길(이것을 궤도(軌道)라고 해요.)이 원 모양이 아니기 때문이죠. 실제로 행성

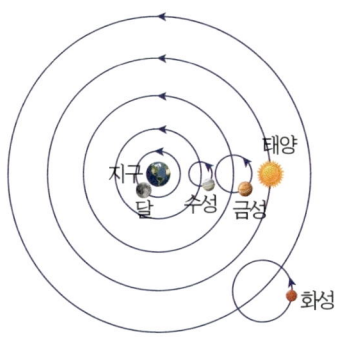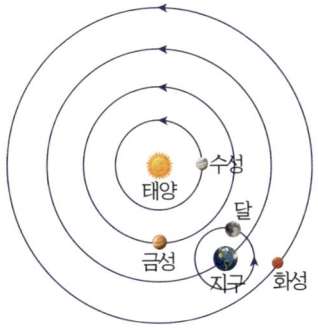

그림 1-4 천동설과 지동설

들은 태양을 하나의 초점으로 한 타원 궤도를 따라 회전하고 있어요. 행성의 운동이든 물체의 운동이든 주기적으로 반복되는 운동이 나올 때는 항상 '기준'을 먼저 생각하는 습관을 들여보세요.

오늘날에는 '천동설이 틀리고 지동설이 맞다.'라고 누구나 말할 수 있어요. 천동설이 맞다고 했다가는 무식쟁이라고 놀림을 받게 될지도 모르죠. 하지만 천동설도 과거 그 당시에는 천문 현상을 가장 잘 설명하는 '과학'이었어요. 주전원과 같은 새로운 개념을 도입하다 보니 조금 복잡해지긴 했지만요. 반면 지동설은 훨씬 간단하게 천문 현상들을 설명했죠. 심지어 지구의 운동을 받아들였더니 천동설에서 풀리지 않던 문제가 아예 의미 없어지기도 했어요. 시간이 지나 지동설을 뒷받침하는 증거가 많아질수록 지동설에 대한 지지가 굳건해졌겠지요.

그렇다면 지동설에 힘을 실어줄 증거로 무엇이 있을까요? 그 전에 '지동설'이라는 용어에 초점을 맞춰보죠. '지동(地動)! 땅이 움직인다는 거니까 곧 내가 발 디디고 있는 지구가 움직인다는 거지.'라며 태양이 중심에 있는 그림을 직접 그려보는 거예요. 아니면 허공에 태양이 있다고 가정한 후 엄지손가락을 지구라고 여기고 엄지만 펼쳐서 태양 주위를 회전시켜보는 거죠.

지구가 움직인다는 것을 주장하기 위해 제일 먼저 '지구'부터 살펴보자구요. 지구가 움직이지 않고서는 설명할 수 없는 현상을 찾으면 되겠지요. 별의 시차와 광행차, 별빛의 스펙트럼이 그 예인데 고등학교에 가면 자세히 배우게 됩니다. 그다음으로 태양 주위를 공전하는 다른 행성들의 운동으로 인한 현상을 찾으면 되겠네요.

금성은 스스로 빛을 내지 못하기 때문에 별이 아니랍니다. 반면 태양은 우리로부터 가장 가까이 있는 별이에요. 금성이 반짝여 보이는 것은 태양 빛을 반사하기 때문인데요. 이때 달의 위상 변화처럼 태양-금성-지구의 상대적인 위치에 따라 금성이 초저녁 서쪽 하늘에서는 상현달(오른쪽 반달) 모양으로, 새벽 동쪽 하늘에서는 하현달(왼쪽 반달) 모양으로 관측돼요. 초저녁에는 '개밥바라기', 새벽에는 '샛별'이라는 순우리말 별칭으로 불리구요.

또 금성은 위치에 따라 크기변화가 커요. 이는 천동설로는 설명할 수 없는 금성의 모습인데요. 천동설에서는 금성이 태양 뒤로 갈 수 없기 때문에, 크기변화가 크지 않고 반달 모양보다 큰 금성을 볼 수가 없어요. 그래서 초승달과 그믐달 모양의 금성만 설명할 수 있답니다.

이렇듯 위치에 따라 모양과 크기가 달라지는 것을 '위상(位相) 변화'라고 하는데요. 이는 태양을 중심으로 한 금성의 위치 변화 때문에 나타나는 현상으로, 지동설을 뒷받침할 강력한 증거가 된답니다.

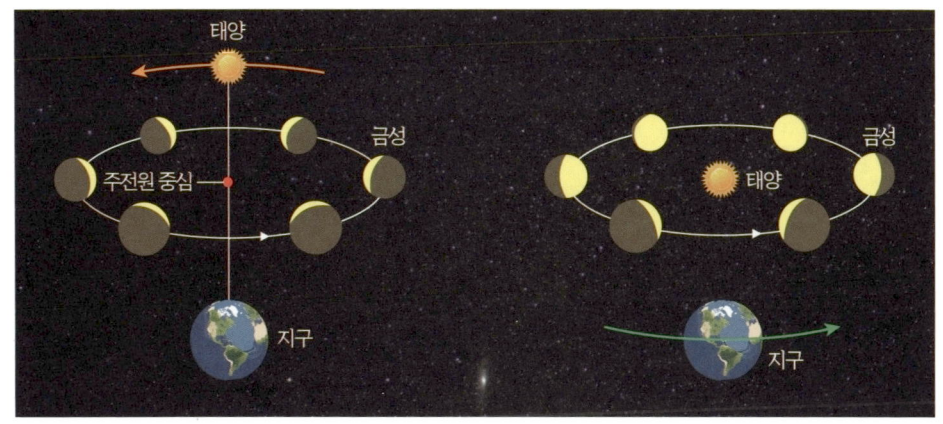

그림 1-5　천동설과 지동설에서 금성의 위상 변화

　　금성의 위상 변화 외에도 지동설을 뒷받침할 증거는 많아요. (궁금한 친구들은 하나씩 찾아보세요. 확장하며 공부해나가야 합니다.) 결국 지구의 공전(revolution)을 인정하고 지동설을 받아들일 수밖에 없는 천체운동의 혁명(revolution)이 일어난 거지요. 지구의 공전과 혁명, 두 개념의 영어 단어가 같다는 것이 어쩌면 우연이 아닐지도 모르겠어요. 지구의 공전이 가히 혁명적인 사실로 받아들여지네요.

　　과학, 정말 변화무쌍하지요? 그런데요. 지금은 지동설이 맞다고 알고 있지만, 천동설을 믿었던 그 시대가 의미 없는 건 아니에요. 천동설과 지동설이 대치되던 때도 마찬가지구요. 천동설에 의문을 가지고 지동설을 주장하는 사람들이 많아지면서, 결국 많은 사람들로부터 인정받게 되는 모든 과정이 중요하기 때문이에요. 과학철학자 칼 포퍼도 그렇게 생각했나 봐요. '과학은 수정된 실수의 역사이다.'라고 말한 걸 보면 말이죠.

지금의 과학을 만든 것은 수 세기에 걸친 수많은 과학자들의 열정과 노력 덕분이니까요.

한편, 개념이 점점 진화하면서 변화된 경우도 있어요. 대표적인 예가 '원자모형의 변천'인데요. 우선 '모형'에 대해 알아볼게요. 과학에서 모형은 복잡한 것을 단순하고 명쾌하게 설명하기 위해 사용해요. 장난감 자동차도 크기만 작을 뿐 모양과 구조가 실제와 거의 비슷하죠. 이것도 모형의 한 종류예요.

원자는 크기가 너무 작아 눈에 보이지 않기 때문에 모형으로 표현하는데요. 동그라미를 그린 후 내부 구조를 그려준답니다. 원자모형은 여러 단계를 거쳐 그림 1-6처럼 변화되어왔어요. 원자를 구성하는 입자들이 차례로 발견되면서, 점차 원자구조가 밝혀졌죠.

그렇다면 가장 최근 모형만 공부하면 되는 걸 왜 변화 과정까지 공부하냐구요? '과학은 단순히 지식의 집합이 아니라, 생각하는 방법이다.' 칼 세이건의 말을 금방 잊으셨군요. 과학은 지식뿐만 아니라 지식이 나오게 된 과정까지 공부하는 과목이기 때문이에요. 원소 이름과 원소 기

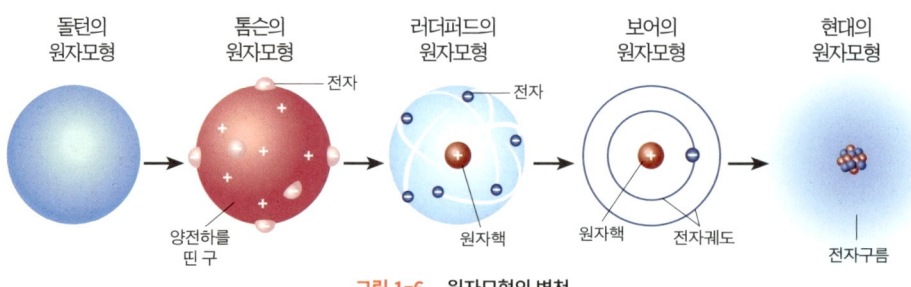

그림 1-6 원자모형의 변천

엄띵이 쌤의 세 가지 맛 과학 공부법·

호만 공부하는 것이 아니라, 현재 사용하는 주기율표가 나오기까지의 과정을 함께 공부하는 이유가 바로 여기 있죠. 시간이 지나면서 변화된 과학 속 작은 역사도 소중한 과학 지식의 일부라는 겁니다.

작은 오차라도 있으면 찜찜한가요? 어때요?

오차(誤差, error)가 뭘까요? 한자 '다를 차(差)'가 있는 것으로 보아 '차이'를 말하는 것 같은데요. '그르칠 오(誤)'와 'error'를 보니 실수나 오류 같은 단어도 떠오르네요.

먼저, 잘 모르는 2음절 한자어가 나올 때 써먹을 유용한 방법을 소개합니다. 오차(誤差)에서 각 한자가 하나씩 들어가는 다른 한자어를 떠올려보는 거예요. 오(誤)를 보니 '오류', '착오'가, 차(差)를 보니 '차이', '격차' 같은 단어가 떠오르네요. 이제 '오차'의 의미가 자연스럽게 연상되나요? 새로운 한자어를 만나게 될 때 제가 종종 써먹는 방법이랍니다.

지금 읽고 있는 책의 가로 길이를 자로 직접 재어보세요. 그 값을 숫자로 나타낸 것이 '측정값'입니다. 실제 길이를 '참값'이라고 하구요. 그런데 아무리 좋은 도구를 사용한다고 해도 참값은 알 수가 없어요. (1개나 2개처럼 정량화가 가능한 경우에만 참값이 존재해요.) 이때 측정값과 참값의 차이를 '오차'라고 하는데요. 참값을 찾기 위한 과정에서 다양한 종류의 오차가 생길 수밖에 없죠.

'참값을 모르는데 어떻게 오차를 구할 수 있지?'라는 생각을 한 적이 있어요. '측정값 − 참값 = 오차'라는 식에 갇히면 나올 수 있는 말이지요. '측정값 − 오차 = 참값'으로 바꾸면요. 오차는 찾는 것이 아니라 줄이는 것이고, 참값에 가까운 측정값을 구하는 것이 중요함을 알 수 있어요.

'오차가 있으니 과학 지식이 절대적이지 않은 게 아닐까?', '오차가 존재하는 한 과학 지식을 믿을 수가 없어.'라는 생각을 할 수도 있겠네요. 저도 학생일 때 그런 생각을 해봤어요. '과학 이거 정말 맞기는 한 거야? 믿어도 돼?'라면서요.

이런 우리 모습을 보고 있기라도 하는 듯, 물리학자 리처드 파인만이 과학을 변호해주네요. '과학 지식은 다양한 확실성에 대한 진술들의 집합이다.'라고요. 그리고 덧붙였어요. '그 진술은 거의 불확실하거나 거의 확실하다. 고로 완벽하게 확실한 것은 없다.'라고요.

'과학 지식의 형성 과정에서 가장 기본이 되는 측정값도 과학 지식도 100%인 것은 없다. 그러니 항상 의문을 가져라.'로 이해됩니다. 그래서 오차에서 더 깊게 공부하다 보면 불확실도와 유효숫자까지 다루지요. 100% 완벽한 과학 지식은 없지만, 100%에 가깝게 가기 위해 끊임없이 노력하는 것! 이것이 과학을 공부하기 전 우리가 갖춰야 할 중요한 자세라고 말씀드리고 싶어요.

과학은 증거를 요구하는 짤없는 녀석이죠

그렇다면 100%에 가까운 과학 지식을 만들기 위해 무엇이 필요할까요? 바로 '증거'예요. 논설문에서 주장보다 더 중요한 것이 '근거'인 것처럼요. 근거 없이 주장만 내세우는 것은 '앙꼬 없는 찐빵'이나 다름없거든요. 증거 수집을 위한 과학자의 노력은 과학을 탐구하는 다양한 과정을 통해 드러납니다. 그러니 그들의 노력으로 얻어진 과학 지식에 힘이 실릴 수밖에요.

자! 이제 여러분 앞에 상자가 하나 있다고 가정해보세요. 상자 속에 어떤 물건이 있는지 아무도 몰라요. 물건을 넣고 테이프로 감은 후 열지 못하게 해놨거든요. 상자의 크기는 가로와 세로, 높이가 각각 6~7cm로 두 번째 손가락 길이 정도 돼요. 갑자기 손을 펴보게 되죠? 손가락 길이를 직접 재어보는 친구도 있을 테구요. 손가락 길이를 직접 재어본 친구는 과학을 분명 좋아할 거라고 확신해요.

'상자 속 물건을 맞혀라!'라는 미션이 주어졌다면, 여러분은 어떻게 할 건가요? 그냥 쳐다만 봐서는 답을 찾을 수 없어요. 우선 상자를 흔들어볼 거예요. 아마도 많은 친구들이 그렇게 할 거라고 봐요. (상자를 억지

그림 1-7 미스터리 상자

로 열어보려고 하는 친구는 없길.) 흔들면서 물건이 상자와 부딪히는 소리를 들어보겠지요. 말랑말랑한지 단단한지 아니면 묵직해서 둔탁한 소리가 나는지 귀 기울이게 될 거예요. 또 귀 옆에 상자를 바짝 붙여 천천히 기울이며 물건이 바닥을 지날 때 나는 소리를 유심히 들어볼 수도 있겠네요.

상자 속 물건을 맞히기 위한 과정에서 감각을 이용한 '관찰력'과 '추리력'이 길러질 거예요. 또 자신이 관찰한 사실 중 증거가 될 만한 것들을 모아 친구들에게 설명하는 과정에서 '의사소통능력'도 길러질 거구요. 이런 과정들이 과학자가 하는 일이라 할 수 있어요. 결국 증거를 수집하고 과학 지식을 만들기까지의 모든 과정이 과학이고 과학의 가치이자 정신인 거지요.

3

교과서 속 과학은
세 가지를 공부하는 거예요

가방이나 주머니에 손수건을 넣고 다니는 친구 있나요? 요즘엔 식당에도 공중화장실에도 어디든 손 뻗으면 닿을 거리에 화장지가 있어요. 그래서 손수건을 챙겨 다니지 않아도 되죠. 하지만 옛날엔 달랐습니다. 왼쪽 가슴에 옷핀으로 고정된 흰색 거즈 손수건을 달고 다닌 코흘리개 꼬맹이가 있었어요. 예상했겠지만 접니다.

앞으로 "전 국민 손수건 휴대 의무화 환경법이 통과되었습니다."라는 뉴스 앵커의 멘트를 듣게 될 날이 올지도 몰라요. 그런데 그 전에 '나도 손수건 들고 다녀볼까?'라고 결심한 순간이 있을 거예요. 과학 교사인 저는 그 순간이 과학 시간이어도 참 좋겠군요.

어떤 물건이 담긴 박스에 '한 장이면 충분합니다. 1장에 3.5원'이라고 써져 있어요. 뭘까요? 더 많이 쓰면 안 될 것 같은 이것은 공중화장실에서 무심히 뽑아 쓰게 되는 '핸드타올'입니다. 숫자 3과 5 사이 점이 없다면 더 아껴 쓸 수 있을까요? 글쎄요. 아무 생각 없이 여러 장 쓰는 사람에 겐 그리 큰 영향을 줄 것 같진 않네요.

나무가 없는 황량한 지구, 점점 더 뜨거워지는 지구의 모습을 보게 되면 달라질 수 있을까요? 어떤 과정을 통해서든 환경 사랑을 실천하도록 만드는 것이 과학 과목의 첫 번째 목표예요. 과학 자체가 갖는 아름다움의 가치를 알고 창의성이나 윤리성과 같은 과학 태도를 가지며 과학 문화를 향유하게 만드는 것 또한 이에 포함되지요. 결국 나와 내 주위에 있는 것을 사랑하도록 만드는 거예요. 이것을 '가치·태도'라고 합니다.

두 번째는요. 나와 내 주위에 있는 것을 사랑하기 위한 과정인데요. 방법이라고 하면 이해가 빠르겠군요. 바로 '탐구과정·기능'입니다. 바위틈에 핀 꽃을 자세히 보는 것부터 시작이에요. 또 스마트폰 화면의 가로세로가 전환되는 순간이 언제인지 궁금할 수도 있구요. 이런 관심을 시작으로 꽃의 구조를 살피고 여러 가지 다른 꽃으로 관심을 넓히는 것, 스마트폰 속 다양한 센서를 이용한 실험을 해보는 것, 이와 같은 과정들이 '탐구과정·기능'입니다. '탐구과정·기능'이 과학을 사랑하는 방법이기 때문에, 2장에서 자세히 살펴볼 예정이에요.

마지막은 '과학 지식'입니다. 멍때리며 바위틈에 핀 꽃을 보는 건 좋지만, 암술과 수술까지 알고 싶진 않을 테구요. 새 스마트폰이 갖고 싶긴 해도 스마트폰 속 다양한 센서의 원리가 궁금하진 않겠지요. 하지만 지식 체계로서의 과학의 중심에 '과학 지식'이 있습니다. 앎에 대한 지적 호기심의 목표 지점이기도 하죠. 그래서 과학 지식에 대한 이해 없이 과학을 공부했다고 보긴 어려워요. 또 과학 지식을 구성하는 주된 개념을

엄떵이 쌤의 세 가지 맛 과학 공부법·

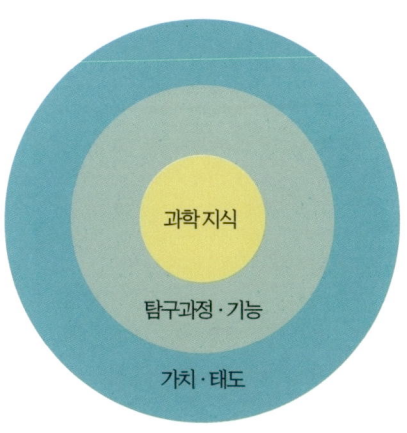

그림 1-8　엄띵이가 강조하는 과학 목표의 관계

과학 지식

탐구과정 · 기능

가치 · 태도

아는 것은 과학의 정수를 만나는 아주 소중한 경험입니다.

　여기까지 달려온 친구들의 과학에 대한 관심은 이미 확인되었습니다. 태도가 준비된 것이지요. 그러니 2장에서는 과학 지식의 종류와 함께 과학을 사랑하는 방법을, 3장과 4장에서는 과학 지식의 정수인 과학 개념을 찾는 여정을 떠나보겠습니다. 특히 한자와 국어가 과학과 어떻게 만나는지 보면서 새로운 과학 공부법의 묘미를 찾길 기대합니다.

2장

과학과 잇기

1
과학 지식의 종류는
외우는 거 아니에요

과학에 대한 호기심이 좀 생겼나요? 이제는 과학 지식의 종류에 대해 알아볼 텐데요. 의욕에 찬 여러분의 모습을 기대하며 귀띔 하나 해줄게요. 절대로 지식의 종류를 외우려 하지 말고, 천천히 읽으면서 계속 '생각'을 해보세요. 또 여러 번 읽으며 내 것으로 만들려는 노력이 필요해요. 학습(學習)이라는 한자처럼 배우고(學, 배울 학) 난 후 익히게(習, 익힐 습) 되면 '어라, 과학 별거 아니네. 나도 할 수 있겠는걸.'이라는 생각이 들 거예요.

과학 지식에는 크게 다섯 가지가 있어요. 과학적 사실, 개념, 원리, 법칙, 이론이지요. 일상생활 속에서 과학적 사실인 것과 아닌 것을 구분하고 개념, 원리, 법칙, 이론으로 확장해보면 좋겠어요.

과학적 사실로 말씀드리면요

과학적 사실은 경험이나 관찰을 통해 나오는 과학 지식이에요. 몇 년 전 30도를 웃도는 무더위가 이어지던 여름날, 운행 중이던 버스 타이어가 터진 일이 있었어요. 이 사건을 접하고 나서 '아이구, 버스 안에 있던 사람들이 많이 놀랐겠다.', '그러게. 다친 사람이 없어야 하는데…'와 같은 대화를 나눌 수 있을 거예요. 누군가는 타이어 속에서 운동하는 기체 입자의 이미지를 떠올릴 수도 있겠네요. '기체 입자의 운동'에 더해 '온도'와 '부피'까지 생각할 수도 있구요. 그러니까 같은 사건을 만나더라도 이렇게나 반응이 다를 수 있어요.

더 나아가 사고의 원인에다 예방법까지도 생각해볼 수 있어요. (단순히 걱정만 하는 것으로는 사고를 예방할 수 없거든요.) 그 과정에서 과학적

그림 2-1 여름날 타이어가 터진 버스

엄땅이 쌤의 세 가지 맛 과학 공부법 ·

사실과 법칙이 세트처럼 자연스럽게 연결될 수 있구요. 이런 연결이 한 단계 더 높은 지적 성장을 가능하게 해줍니다.

사전에는 '사실'을 '실제로 있었던 일이나 현재에 있는 일'로 정의해요. 과학에서 정의하는 '사실'은 조금 달라요. '관찰이나 실험을 통해 수집한 구체적인 진술'로 정의하거든요. 위 사건에서는 '30도를 웃도는 무더운 여름날, 운행 중이던 버스 타이어가 터졌다.' 정도가 될 거예요.

과학적 사실은 사건을 있는 그대로 기술할 뿐, 새로운 것을 설명하거나 예상할 수 없어요. 다만, 같은 조건에서 버스 타이어가 터지는지 아닌지 확인해볼 수는 있죠. 만약 같은 조건인데도 타이어가 터지지 않는다면 그 과학적 사실은 수정되거나 폐기될 수도 있어요. 무엇보다 과학적 사실이 중요한 이유는요. 앞으로 소개할 개념, 법칙, 원리, 이론의 바탕이 된다는 데 있어요.

과학 개념이 가장 중요합니다

보통 '과학 지식'이라고 하면 '과학 개념'이 제일 먼저 떠오릅니다. 그만큼 중요하다는 뜻이에요. 다섯 가지 과학 지식 중 제일 중요해요. 교과서를 읽다 보면 선의 굵기가 일정하고 진하게 표시된 글자가 있어요. (고딕 시대에 유럽에서 사용한 글씨체라서 '고딕체'라고 해요.) 여러분이 머릿속에 기억하려고 밑줄을 긋거나 형광펜을 칠하기도 하는 그 단어! 맞아요. 이것을 '과학 개념'이라고 생각해도 괜찮아요. 고딕체로 표시된 것 중 과학 개념이 제일 많거든요.

우선 과학이라는 글자를 떼고 뒤에 있는 '개념'부터 알아보죠. '개념'은 사물이나 현상에 이름 붙여준 것을 말하는데요. 그래서 명사(名詞, 이름 명, 말 사)지요.

자! '가위'를 한번 떠올려보세요. 종이를 오릴 때 쓰는 필통 속 작은 가위를 떠올리는 친구도 있을 거구요. 아니면 삼겹살을 자를 때 쓰는 큼지막한 가위를 떠올릴 수도 있겠네요. 이렇게 '가위'라고 했을 때, 떠올리는 이미지는 다르지만 '무언가를 자른다'라는 같은 기능의 물건을 떠올리게 돼요.

만약 '가위'라는 개념(이때는 이름이라고 하는 것이 좋겠네요.)이 없다면 "아, 그 있잖아. 종이나 고기 자를 때도 쓰는 그거!"라고 설명해야겠죠. 아니면 가위의 두 날을 교차시킨 그림으로 설명하거나요. 왠지 시간 낭

그림 2-2 가위와 펜치

엄떵이 쌤의 세 가지 맛 과학 공부법 ·

비 같지 않나요? 그래서 '가위'라는 이름, 즉 개념이 필요하답니다. 또 개념이 있으면 다른 것과의 차이가 분명해져서 분류도 할 수 있어요. 가위와 펜치가 섞여 있을 때 기능과 관련된 미세한 모양 차이로 둘을 분류할 수 있죠.

그런데 '왜 하필 가위라고 해요? 싹둑이라고 하면 안 되나요?'라고 물을지도 모르겠네요. 개념은 사회 구성원들이 합의한 약속의 결과예요. 맨 처음 '싹둑이'로 쓰자고 약속했다면 지금도 그렇게 썼을 거란 거죠. (어디선가 들려오네요. "사장님, 깍두기 좀 자르게 싹둑이 하나 주세요.")

개념은 원리나 법칙, 이론을 이해하기 위한 기본이 됩니다. 그래서 과학을 공부할 때 제일 먼저 만나게 되죠. 또 과학 개념을 이해하는 것이 과학 공부의 전부라고 해도 과언이 아닐 정도지요.

과학적 사실에서 언급한 타이어 사건 기억나죠? 무더위에 버스 타이어가 터진 사건이요. 이때 기체 입자의 운동, 부피에 더해 새롭게 공부하게 될 과학 개념이 '절대 온도'인데요.

켈빈은 기체 입자가 더 이상 열역학적으로 운동하지 않는 절대 영도 '0K'(온도 단위는 켈빈(Kelvin) 이름의 첫 글자를 따서 대문자 K로 표기해요.)를 고안했어요. 절대 온도 0K는 -273℃(영하 이백칠십삼 도씨)로, 이론상으로 존재하는 온도인데요. 우리가 잘 아는 섭씨온도에 273을 더하면 '절대 온도'가 됩니다. (본래 절대 영도는 -273.15℃지만 계산의 편의를 위해 -273℃로 써두었어요.) 절대 영도 0K에서 기체 입자는 열역학적으로 운동하지 않기 때문에 이론상 기체의 부피가 '0'이 되는 거죠. 그러고 보니 기체 입자의 운동과 부피, 절대 온도가 모두 연결되는 느낌이네요.

그림 2-3 생활 속 샤를 법칙

다시 정리해볼게요. 과학 개념은 사물, 현상, 사건 등에 대해 여러 사람이 공통적으로 가지고 있는 관념이나 생각이에요. 과학 개념을 이용하면 과학적 사실을 설명할 수 있지요. 기체 입자의 운동, 부피와 절대온도라는 과학 개념을 이용해 '무더위에 터져버린 버스 타이어'를 설명할 수 있어요. '무더위로 온도가 높아지면 타이어 속 기체 입자의 운동이 활발해진다. 이에 부피가 커져 타이어가 터질 수 있다.'라고 말이죠.

사물을 분류하거나 과학적 사실을 설명할 때 필요하고 의사소통도 가능하게 해주는 과학 개념! 어때요? 우리가 아무 생각 없이 공부했던 과학 개념도 하는 일이 꽤 많죠?

법칙도 그에 못지않긴 하지만요

여러분은 거울을 얼마나 자주 보나요? 아침에 세수한 후 거울 속 자신의 모습을 보며 "오늘 하루도 파이팅!"이라는 말을 건넬 수 있나요? 조금 낯간지러울 수 있지만 그런 시간이 필요해요. 나보다 더 나를 응원하고 사랑해줄 사람은 없거든요. (또 나를 사랑할 줄 알아야 다른 사람도 보이는 법이니까요.) 그러니 거울 속 자신에게 "힘내!"라고 말하며 하루를 시작해보세요.

거울 속 나는 분명 실제의 내가 아니지요. 거울 앞에 서 있는 내가 '실제 나'이고, 거울 속 내 모습은 '투영된 나'예요. 이때 거울에 비친 모습을 '상(像, 모양 상)'이라고 하는데요. 내가 오른손을 들고 인사하면 거울 속 나는 왼손을 들고 인사해요. 꼭 청개구리처럼요.

거울을 보고 있는 이 상황을 과학적 사실로 말해보세요. '거울 속에 무척이나 아름다운 내가 있다.'라구요? 어쩌죠. 미안하지만 과학적 사실이라기보다 자신을 너무 사랑하는 사람의 고백 같네요. 이 문장은 '과학적 사실'이라고 하기에 부족함이 있어요. 경험이나 관찰을 통해 나온 것은 맞지만 '무척'도 '아름다움'도 검증하기 어렵거든요. '거울을 통해 반사된 내 모습을 볼 수 있다.' 정도로 설명할 수 있겠군요. 이 과학적 사실은 '반사의 법칙'으로 설명할 수 있어요.

반사의 법칙은 '빛이 경계면에서 반사될 때, 입사각과 반사각은 같다'로 정의합니다. 그림 2-4를 볼까요? (여기서 경계면은 거울이에요.) A 지점의 빛이 거울에서 반사되면 반사의 법칙에 의해 눈에 닿아요. (이때 입사각과 반사각이 같아요.) 하지만 우리는 반사 광선의 연장선 끝인 E 지점에서 빛이 나온 것으로 느끼죠. 마찬가지로 B점도 반사 광선의 연장선 끝인 F에서 빛이 나온 것으로 느끼기 때문에 거울 속 발이 보이는 거구요. 그림을 통해 반사의 법칙 외에도 전신 거울이 우리 키만큼 크지 않아도 됨을 알 수 있어요. (내 키 절반 크기의 거울로도 전신을 볼 수 있어요.)

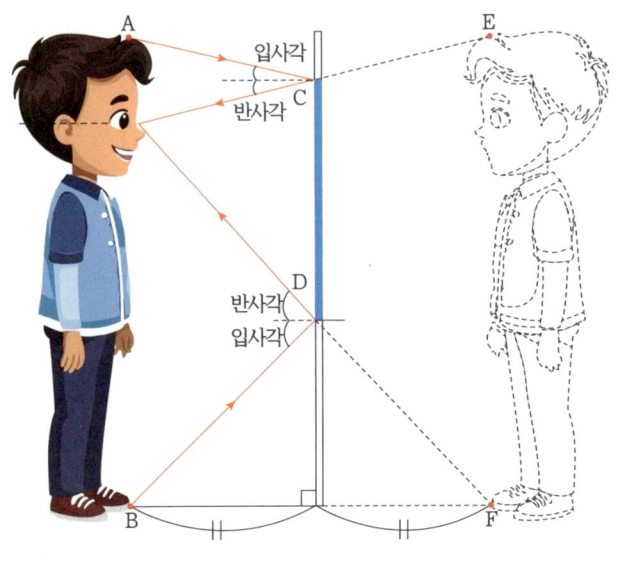

그림 2-4　거울에서 반사의 법칙

'반사의 법칙'을 보니 복학생 선배를 따라 포켓볼을 치러 간 때가 생각나네요. 저와 친구 둘은 포켓볼을 배워보고 싶은 마음에 선배를 따라 갔지요. 아마도 선배가 우리 셋 중 한 명을 좋아했던 것 같아요. (저는 아니라고 확실하게 말씀드릴 수 있습니다!! 슬픈 얘기는 본래 씩씩하게 해줘야 맛이죠.)

선배가 폼을 한껏 잡고 큐대를 잡았어요. 레이저가 나올 것 같은 눈빛으로 공을 째려보며 쳤는데… 이를 어째요. 너무 힘이 들어갔나 봐요. 흰공이 축구공처럼 붕 떠서 포물선 운동을 하더니 바닥으로 떼굴떼굴 굴러갔어요. 한없이 굴러가던 공은 벽에 부딪히고 나서야 멈췄죠. 선배 얼굴은 토마토가 되었고 우리 셋은 웃음을 참지 못해 박장대소했어요. 포

엄떵이 쌤의 세 가지 맛 과학 공부법·

그림 2-5 당구대에서 반사의 법칙

켓볼로 축구 솜씨를 보여준 그 선배를 생각하니 아직도 웃음이 나네요.

빛은 아니지만 당구대에서 레일에 부딪혀 튕겨 나온 공도 '반사의 법칙'으로 설명할 수 있어요. 당구대의 레일과 수직인 선이 있다고 가정해 봐요. 이 '법선'으로부터 $60°$ 각도로 당구대 레일에 부딪힌 공은, $60°$ 각도를 이루며 반대 방향으로 되튕겨요. '빛이 경계면에서 반사될 때 입사각과 반사각은 같다.'는 반사의 법칙대로 공이 움직이거든요. (어디까지나 이상적인 것이기에 실제로 각도 차이는 있어요.)

이렇듯 '반사의 법칙'은 법선, 입사각과 반사각이라는 과학 개념으로 거울 속 내 모습과 포켓볼의 운동과 같은 여러 가지 사실을 설명해줘요. 그래서 법칙은 과학 개념이나 과학적 사실보다 더 포괄적이에요. 그리고 거짓이 아닌 '참'이어야만 하구요. 반면에 '평행한 두 선은 절대 만나지 않는다.'라는 수학의 기본 법칙은 어떤가요? 증명이 필요 없는 자명한 문장이지요. 이를 수학에서는 '공리(公理)'라고 하는데요. 과학 법칙이 반드시 검증되어야 하는 것과 달리, 공리는 일종의 강력한 약속이에요.

이제 그래프로 주어진 실험 결과를 통해 기체의 온도와 부피의 관계를 식으로 한번 끌어내볼까요? 그래프 2-1 왼쪽은 일차함수 $y = ax + b$(a: 기울기, b: y절편)와 모양이 같네요. y절편인 V가 V_0(처음부피)라고 한다면 기울기가 $\dfrac{V_0}{273}$이기 때문에 $V = \dfrac{V_0}{273} T + V_0$라는 식이 만들어져요. 그래서 온도가 273℃가 되면 부피가 처음의 2배($2V_0$)가 되는 거죠.

왼쪽 그래프가 원점을 지나도록 평행이동 시켜볼까요? 그러면 기체의 부피가 절대 온도에 비례하는 식, $V = kT$(k: 상수)로 간단해져요. 그래서 샤를 법칙은 '일정한 압력에서 일정량의 기체의 부피는 절대 온도에 비례한다'로 정의합니다. 실험을 통해 수집한 자료로 부피와 절대 온도라는 과학 개념을 연결해서 진술한 것이죠. 단, '일정한 압력'이라는 특정한 조건에서만 성립한답니다.

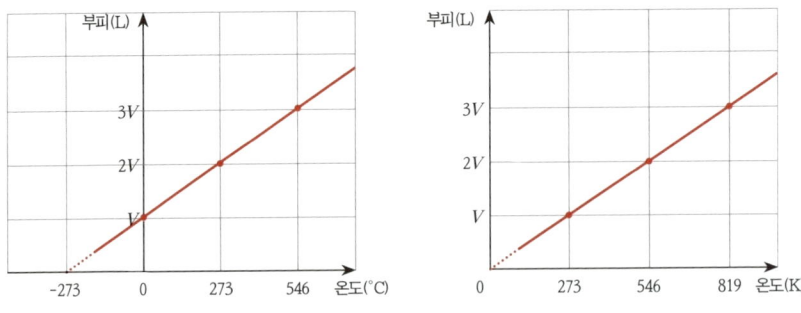

그래프 2-1 기체의 온도와 부피의 관계

엄띵이 쌤의 세 가지 맛 과학 공부법 ·

원리를 뛰어넘고 싶다면야...

원리는 법칙과 비슷해 보이지만 차이가 있어요. 법칙이 관찰이나 실험 자료로 만든 일반적인 규칙이라면, 원리는 그 자료와는 직접적인 연관성이 없는 규칙이에요. 자료를 통해 얻어진 논리적 관계만 강조할 뿐이거든요. 그래서 원리가 법칙보다 더 포괄적인 과학 지식입니다.

반사의 법칙은 '빛은 최소 시간이 걸리는 경로로 이동한다.'는 페르마의 원리와 연결돼요. 페르마의 원리는 '반사의 법칙'뿐만 아니라 '굴절의 법칙'까지 포괄하구요. 하지만 페르마의 원리만으로는 거울 속에 비친 내 모습(빛의 반사)도, 안경을 통해 보이는 짝꿍의 모습(빛의 굴절)도 연상이 안 돼요. 반사의 법칙과 굴절의 법칙이 나와야만 비로소 나와 짝꿍의 모습을 설명할 수 있죠. 논리적 관계만 강조한 원리로는 과학적 사실을 이해하는 데 한계가 있다는 거예요. 그래서 원리는 다른 것으로부터 이끌어져 나올 수 없으며 그 자체로 독립적입니다.

일상에 쫓겨 지내다보면 우리의 삶이 페르마의 원리대로 흘러가는 것은 아닌가 싶을 때가 있어요. 최소 시간이 걸리는 경로로만 달린 것처럼요. 중학교 때 느릿느릿 다니다가 헐레벌떡 교문 앞에 선 날이 많았어요. 여러분도 가끔 평소에 가지 않던 길로 좀 돌아서 가보고 싶은 날 없나요?

이론으로 안내합니다

이론이란 사실, 개념, 법칙, 가설 등이 합쳐져 하나의 설명 체계를 이룬 것입니다. (가설은 검증되지 않은 이론이에요.) 지구과학에서 아주 중요한 '판구조론'이 먼저 떠오르네요. 판구조론이란 대륙이동설, 맨틀대류설, 해저확장설 등을 바탕으로 만들어진 이론인데요. 지구 표면이 여러 개의 판으로 이루어져 있고, 이 판이 이동함에 따라 화산 활동이나 지진과 같은 지질 현상이 발생한다는 이론이죠.

이론은 자연 현상을 기술하거나 분류하는 데 그치지 않고, 과거의 일을 설명하고 미래의 일도 예측해줘요. 판구조론으로 해령과 해구의 분포를 설명하고, 화산 활동이나 지진 발생을 예측할 수도 있죠.

한편 이론은 법칙을 설명하기도 해요. '기체 분자 운동론'은 기체 분자의 운동으로 압력, 부피, 온도 등 거시적인 기체의 성질을 설명하는 이론인데요. 이 이론을 통해 앞에서 나온 '샤를 법칙'을 쉽게 설명할 수 있어요. 온도가 높아지면 기체의 평균 운동 에너지가 커져서, 기체 분자가 담긴 용기에 충돌하는 횟수도 많아지겠죠. (평균 운동 에너지는 그림 2-6 입자의 화살표 길이로 유추해보세요.) 그래서 용기의 벽면을 밀어내 부피가 커지는 거예요.

여러 과학 지식 중 이론은 '통합된 하나의 설명 체계'라는 점에서 매력이 있어요. 하지만 그 매력을 유지하기 위한 조건이 있답니다. 토머스 쿤에 따르면 이론은 기존의 실험 결과와 일치해야 하고, 다른 이론과 대치되면 안 돼요. 또 이론의 적용 범위가 넓으면서 과학 현상을 질서정연

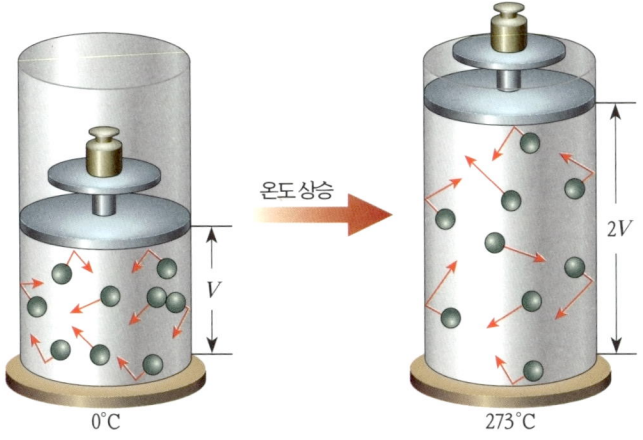

그림 2-6　입자 모형으로 나타낸 기체의 온도와 부피의 관계

하게 설명할 수 있어야 하죠. 새로운 현상을 발견하거나 이미 알려진 현상들 사이에 알려지지 않은 관계도 발견할 수 있어야 하다니… 참 까다롭네요. 이론이 된 과학 지식이 대단해 보이기만 합니다.

모형과 비유는 덤이에요

교과서에서 과학 지식을 설명할 때 '모형'과 '비유'를 들어 잘 소개해요. 과학 공부가 어려운 친구들은 두 가지를 잘 활용해보세요. 또 이해하기 어려운 과학 개념 중에서 교과서에 모형과 비유가 없는 것이 있다면 스스로 만들어봐도 좋겠지요.

그림 2-7은 물의 생성 반응을 모형으로 나타낸 거예요. 특정 분자를

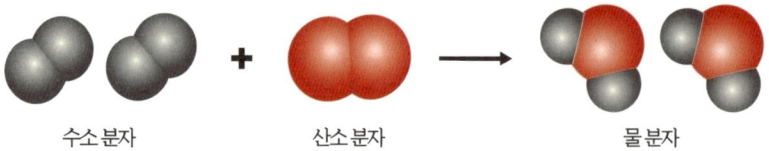

그림 2-7 물 생성 반응 모형

이루는 원자의 종류와 수, 원자의 크기도 비교해볼 수 있죠. 수소 분자는 수소 원자 두 개로, 산소 분자는 산소 원자 두 개로 이루어져 있어요. 물 분자는 수소 원자 두 개와 수소 원자보다 더 큰 산소 원자 한 개로 이루어져 있구요. 분자 모형의 개수를 세어보면 반응에 필요한 수소 분자와 산소 분자, 생성된 물 분자 수의 비가 2 : 1 : 2라는 것도 알 수 있어요. (덩이 개수를 세어보면 됩니다.)

이렇듯 원자나 분자처럼 눈에 보이지 않는 입자들을 모형으로 표현하면 훨씬 이해하기가 쉬워요. 그래서 그것 자체로도 충분히 공부할 가치가 있죠. 물론 실제와 완전히 같을 수는 없다는 단점이 있긴 하지만요.

어려운 과학 개념의 이해를 돕는다는 점에서, 비유는 모형과 비슷해요. 하지만 다른 점이 있죠. 비유는 과학 개념과 비유 대상과의 유사성에서 출발해요. 그래서 과학 개념이 빠진 채로 비유 대상만 나온 것은 의미가 없어요. 그러니 둘을 연결해서 함께 기억하는 것이 좋겠습니다.

'전기 회로'에 대한 언급 없이 수도관을 따라 흐르는 물만 나올 리 없다는 거죠. 펌프에 의해 끌어올려진 물이 떨어지면서 물레방아를 돌리는 것처럼, 전지의 전압에 의해 회로에 전류가 흘러 전구에 불이 들어온다는 것을 설명하거든요. (그림 2-8의 제목에 있는 '모형'은 전기 회로와 물

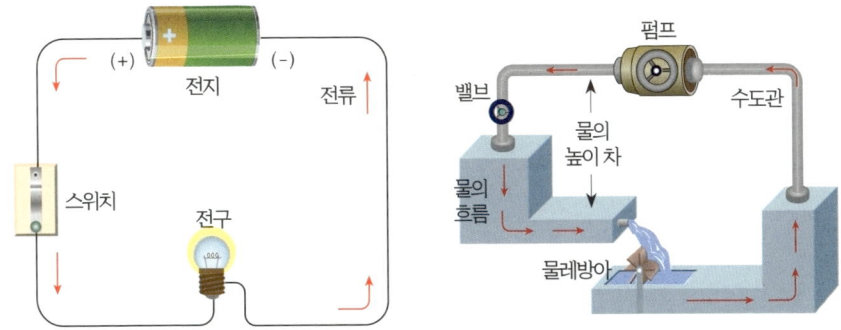

그림 2-8 　전기 회로와 물의 흐름 모형

이 흐르는 모습을 각각 모형으로 표현했다는 뜻이에요.) 가끔은 비유 대상까
지 외워야 한다며 부담감을 느끼는 학생들이 있는데요. 그래도 심장을
펌프로, 콩팥을 정수기로 받아들이면 이해가 잘 되는 것처럼 비유가 유
용할 때가 많아요. 그러니 비유를 과학 개념의 이해를 돕기 위해 등장한
'친구'로 생각해주면 좋겠어요.

2

과학 탐구과정과
탐구기능은 기본이에요

그렇담, 탐구과정부터 시작해볼게요

사탕을 먹다가 급하게 깨물어 먹어본 경험, 다들 있죠? 사탕을 빨리 없애야 할 때 그럴 거예요. 친구 몰래 사탕을 먹고 있었다거나, 수업 시작종이 울려서일지도 모르겠어요. 아무도 알려주지 않았지만 우리는 사탕이 작아야 빨리 없어진다는 사실을 귀신같이 알고 있어요. 그렇다면 왜 사탕을 작게 만들어야 하는지 궁금하지 않나요? 탐구과정은 이런 궁금증을 시작으로 한 '문제인식'에서 출발해요.

문제를 찾았으니 실험을 통해 확인해봐야겠네요. '사탕의 크기에 따른 물에서의 녹는 속도 비교'라는 주제도 정해보구요. 경험을 살려 미리 실험 결과도 예측해볼까요? '사탕의 크기가 작을수록 물에 빨리 녹는다.'라는 결과가 나올 거예요. 여기서 '녹는다'를 미래형인 '녹을 것이다'

로 바꾸면 '가설(假說)'이 됩니다. 이렇게 가설을 만드는 것을 '가설설정' 이라고 해요.

실험을 통해 가설을 검증해봐야겠어요. 비커 두 개와 사탕이 필요해 요. 저울로 큰 덩이 사탕의 질량을 잰 다음 가루 사탕을 같은 양만큼 준 비합니다. 아니면 사탕 하나를 부숴 큰 덩이 하나를, 나머지는 가루로 만 들어서 같은 양만큼 준비해도 돼요. 사탕이 크면 녹는 데 시간이 많이 걸 리니까 이 방법도 괜찮을 것 같아요. 이 실험은 단순히 사탕의 크기에만 관심이 있을 뿐 사탕의 질량이나 부서진 정도에는 관심이 없다는 점을 기억해두세요.

두 비커에 같은 온도의 물을 같은 양만큼 부을 거예요. 당연히 사탕이 다 잠길 수 있을 정도의 양이어야 해요. 준비한 덩이 사탕과 가루 사탕을 동시에 넣어줄 겁니다. 이제 유리 막대로 저으면서 사탕이 전부 다 녹을 때까지 걸린 시간을 재어보면 되겠네요. 이렇게 실험을 계획하는 단계 가 '탐구설계'예요. 또 설계한 과정을 그대로 진행하면 '탐구수행'이 되구

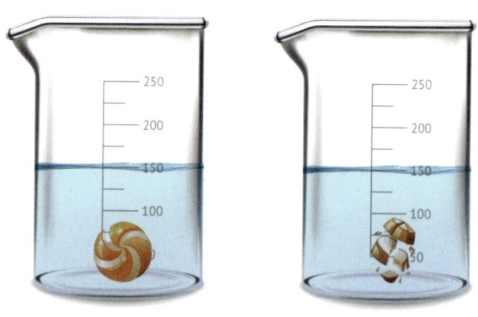

그림 2-9 사탕의 크기에 따른 물에서의 녹는 속도 차이 실험

엄떵이 쌤의 세 가지 맛 과학 공부법 ·

요. 말 그대로 탐구를 수행한다는 의미지요.

측정한 시간을 표에 정리할 거예요. 이 표는 실험 결과를 해석하는 자료가 됩니다. (자료라는 단어 대신 '데이터(data)'도 많이 쓰여요.) 시간이 주어져 있지 않지만 경험으로 이미 알고 있죠. '사탕의 크기가 작을수록 물에서 녹는 데 걸리는 시간이 짧다.'로 해석되겠지요. '사탕의 크기가 클수록 물에서 녹는 데 걸리는 시간이 길다.'로도 쓸 수 있겠네요. 어떤 것을 써야 할지 고민이 된다면 '문제인식'으로 돌아가보세요. 사탕을 깨물어서 빨리 없애는 이유가 궁금했기 때문에, 사탕의 크기가 작아지는 내용이 들어간 첫 번째 해석이 맞습니다. 여기까지가 '자료수집 및 해석' 단계예요.

사탕의 크기	모두 녹을 때까지 걸린 시간(s)
작은 것	
큰 것	

(단, 사탕의 질량이 ____g일 때)

표 2-1　사탕의 크기에 따른 물에서 녹는 데 걸리는 시간

이제 결론을 내릴 차례입니다. 가설이 '사탕의 크기가 작을수록 물에 빨리 녹을 것이다.'였죠. 미래형을 현재형으로 바꿔주면 '사탕의 크기가 작을수록 물에 빨리 녹는다.'라는 결론이 나옵니다. 만약 가설을 '사탕의 크기가 작을수록 물에서 녹는 데 걸리는 시간이 짧아질 것이다.'라고 했다면요. 주어진 표를 해석한 것이 곧 결론이 되죠. 자료 해석을 토대로

결론을 이끌어내는 이 단계를 '**결론도출**'이라고 합니다.

크기가 작아서 빨리 녹는 것이 사탕에만 해당되는 건 아니에요. 가루약이 알약보다 빨리 녹아 흡수도 **빠르**거든요. (빠른 흡수가 곧 약효로 이어지는 것은 아니니, 알약을 부수거나 캡슐을 분리해서 복용하면 안 돼요.) 약에서도 비슷한 결과를 얻을 수 있겠네요. 그래서 '고체 물질의 표면적이 클수록 물에서 빨리 녹는다.'로 '**일반화**'할 수 있어요.

사탕을 깨무는 행동에 대한 관심을 시작으로 '고체 물질의 표면적'까지 왔네요. 이 방법을 '연역적 탐구 방법'이라고 하구요. 만약 가설과 반대되는 결과가 나오면 처음 세운 가설을 수정해야 합니다. (크기가 큰 사탕이 작은 사탕보다 물에서 빨리 녹는다는 결과가 나왔다면요. 물론 그럴 일이 없겠지만 말이죠.) 이것을 '되먹임(feedback)'이라고 해요. 그러니 '가설설정' 단계로 되돌아가는 무수한 반복과 각 단계에서의 수많은 도전과 실패가 오늘날의 과학 지식을 만든 셈이지요.

국어 시간에 '중심 문장 찾기'를 해봤을 거예요. 중심 문장이 문단의 맨 처음에 나오면, 다음에 이어지는 문장을 쉽게 읽을 수 있어요. 이 중

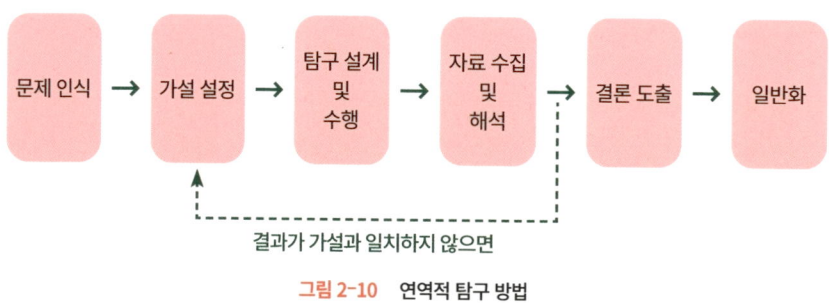

그림 2-10 연역적 탐구 방법

엄띵이 쌤의 세 가지 맛 과학 공부법·

심 문장과 같은 역할을 하는 것이 '가설'이구요. 이 가설을 검증하는 과정 전체가 '연역적 탐구 방법'인 거예요.

한편, 다른 탐구 방법으로 과학 지식이 만들어질 수도 있어요. 바로 '연역적 탐구 방법'과 쌍벽을 이루는 '귀납적 탐구 방법'입니다. 자연 현상을 통해 얻은 자료를 종합하고 분석해서 일반적인 원리를 끌어내는 방법이에요. 찰스 다윈이 갈라파고스 제도에서 다양한 생물을 관찰하여 '자연선택설'을 끌어낸 것이 대표적인 예지요.

귀납적 탐구 방법은요. 등·하교 때마다 기다려주고 가끔은 가방도 들어주다가 풀린 신발 끈도 매주던 친구가 여러 달 지난 후에 "우리 만나자!"라고 마음을 고백하는 것과 비슷해요. 마치 문단의 마지막에 중심 문장이 나오는 것처럼요. 반면 처음부터 박력 있게 고백한 후 포인트를 쌓아가는 방법은 연역적 탐구 방법과 비슷합니다.

학교에서 배우는 과학 지식 중에는 연역적 탐구 방법으로 나온 것이 많아요. 그러니 앞에서 소개한 연역적 탐구 방법을 꼭 기억해두세요. 물론 두 가지 방법 외에도 과학 탐구 방법이 더 많다는 거, 이게 함정인가요?

실험 보고서와 쉽게 연결되나요?

이제 실험 보고서를 정리할 차례군요. 실험하는 것 못지않게 중요한 것이 바로 기록하는 건데요. 수학 문제를 풀 때 식의 전개 과정을 꼼꼼하게 정리하면 오류를 쉽게 찾을 수 있는 것처럼요. 실험의 전체 과정을 기록해두면 새로운 실험에 대한 힌트를 얻을 수도 있구요. 무엇보다 중요한 증거자료가 된다는 점에서 의미가 커요. 보고서는 실험이 끝나면 후다닥 정리하는 것이 아니라 실험 중 틈틈이 적어야 합니다.

먼저, 보고서 틀부터 만나볼까요? '실험 보고서'를 보면 숨어 있는 '과학 탐구과정'이 연상될 거예요. (두 변인의 관계를 알아보는 실험이기 때문에 넓은 개념의 '탐구 보고서'가 아닌 '실험 보고서'라고 하겠습니다.) 그런데 이 틀은 정해진 게 아니에요. '실험 원리' 칸을 만들어 실험과 관련된 과학 지식을 정리해도 좋구요. 마지막 '감성 한 줄' 칸을 만들어 소감을 써도 좋아요. ('참 재미있었다'라고 쓰는 친구들이 은근히 많습니다. 사용하는 단어를 업그레이드해야 해요.) 그래서 실험 보고서는 과학 지식과 탐구과정 · 기능, 가치 · 태도까지 모두 담을 수 있는 소중한 자료입니다.

다음 실험 보고서 표 안에 어색한 단어들이 하나둘 있지만 잘 넘어가죠? 가끔은 단어의 뜻을 정확히 몰라도 넘길 수 있는 '통밥'(정해진 정식 과정이나 방법을 거치지 않고 임의대로 짜 맞추는 것을 말해요.)이 필요해요. 지금까지 머릿속으로만 진행한 사탕 실험을 보고서에 정리해볼게요. 다시 한번 읽으면서 전체 과정의 흐름을 타보세요.

엄떵이 쌤의 세 가지 맛 과학 공부법 ·

실험 보고서		
실험 일시	- 실험한 날짜와 시간을 적는다. - 날씨를 간단하게 기록한다. (필요에 따라 기온과 습도 등을 기록하기도 함.)	학번: 이름 :
실험 주제	- 어떤 실험을 했는지 알 수 있도록 간결하고 명확하게 서술한다. - 보통은 조작변인과 종속변인을 포함시킨다.	
실험 목표	실험을 통해 알아보려는 원리나 현상을 적는다.	
준비물	실험에 필요한 기구와 시약의 수량을 적는다.	
실험 방법	- 실험하는 과정과 그 방법을 시간순으로 적는다. - 동일한 실험을 재현할 수 있도록 명확하고 구체적으로 적는다. - 필요에 따라서 그림을 포함할 수 있다.	
실험 결과	- 실험을 통해 관찰한 내용을 자세하게 적는다. - 실험 결과를 표, 그래프나 그림, 사진 등으로 나타낸다.	
결론	실험 결과를 해석하여 결론을 이끌어낸다.	
고찰	- 가설과 다른 실험 결과가 나온 경우, 원인을 분석한다. - 실험 진행 시 아쉬웠던 점이나 더 나은 실험을 위한 개선 사항을 적는다.	

실험 보고서		
실험 일시	년 월 일 교시 날씨:	학번: 이름 :
실험 주제	사탕의 크기에 따른 물에서의 녹는 속도 비교	
실험 목표	사탕의 크기에 따른 물에서의 녹는 속도를 비교해보자.	
준비물	사탕, 물, 비커, 유리 막대, 약포지, 약숟가락, 전자저울, 타이머	
실험 방법	1. 같은 종류의 사탕을 큰 덩이와 가루로 각각 같은 양 준비한다. 2. 두 비커에 온도가 같은 물을 같은 양만큼 붓는다. 3. 방법 1에서 준비한 사탕을 비커에 각각 동시에 넣는다. 4. 유리 막대로 저으면서 비커 속 사탕이 모두 녹을 때까지 걸린 시간을 측정한다.	
실험 결과	- 실험 결과 (단, 사탕의 질량이 ____g 일 때) | 사탕의 크기	모두 녹을 때까지 걸린 시간(s) | |---|---| | 작은 것 | | | 큰 것 | | - 자료 해석 사탕의 크기가 작을수록 물에서 녹는 데 걸리는 시간이 짧다.	
결론	사탕의 크기가 작을수록 물에 빨리 녹는다.	
고찰	유리 막대를 젓는 횟수가 같도록 해야 한다. 등	

엄띵이 쌤의 세 가지 맛 과학 공부법 ·

이 표에는 시간이 적혀 있지 않아요. 사탕의 질량에 따라 값이 달라지기 때문입니다. 또 질량이 같아도 사탕이 부서진 정도와 유리 막대를 젓는 횟수에 따라 시간이 달라질 거예요. 그래서 이 실험은 백이면 백 모두 다른 결과가 나올 수밖에 없죠.

실험 과정에서 참고한 책이나 인터넷 사이트 등이 있을 때는 보고서 마지막에 자료의 출처를 적습니다. 전자기기를 사용하지 않는 한 보통은 교과서가 되겠지만요. 그래서 '자료출처' 칸이 주어지지 않는 경우가 많지만 기억은 해두자구요.

기초부터 통합 탐구기능까지 노크하면 '입장'한 거예요

코끼리를 냉장고에 넣는 방법 알아요? 많이 알려진 유머라 시시할 수도 있겠지만 모르는 분들을 위해 말해볼게요. 이 방법은 3단계로 되어 있어요. '첫째, 냉장고 문을 연다. 둘째, 코끼리를 냉장고에 넣는다. 셋째, 냉장고 문을 닫는다.'

사실 이게 가능하려면 코끼리가 들어갈 수 있을 만큼 큰 냉장고여야 하구요. 냉장고가 코끼리만 간신히 들어갈 정도의 크기라면, 안이 비어 있어야 해요. 또 사람 말을 잘 듣는 코끼리여야 함은 당연하구요. 이런 여러 가지 조건이 갖춰져야만 코끼리를 냉장고에 무사히 넣을 수 있을 거예요.

코끼리를 냉장고에 넣는 방법에 나온 3단계가 '과학 탐구과정'에 해

그림 2-11　코끼리를 냉장고에 넣는다면?

당합니다. 그중 '코끼리를 냉장고에 넣는다.'라는 두 번째 단계에서 필요한 일들을 나열해볼게요. 코끼리를 냉장고 방향으로 유인해야 하구요. (냉장고에 들어가기 전 룰루랄라 신난 코끼리는 없겠죠.) 코끼리가 냉장고로 가는 동안 주위로 향하는 시선을 차단해야 해요. (근처에 바나나를 송이째 든 원숭이라도 있으면 어이쿠.) 또 냉장고 입구를 정글보다 더 정글처럼 꾸며줘야 하겠지요. 이외에도 냉장고 앞까지 온 코끼리를 넣는 과정도 포함되지요. 이 과정들이 '과학 탐구기능'에 해당합니다. (앞으로 과학 탐구과정은 '탐구과정', 과학 탐구기능은 '탐구기능'이라고 할게요.)

　학생들이 '탐구과정'과 '탐구기능'을 자주 혼동해서 코끼리를 잠시 불러봤습니다. 예전에는 '탐구과정에 필요한 탐구기능'이라고 표현했어요. '탐구과정' 안에서 이루어지는 모든 활동이 '탐구기능'이라고 보면 돼요. 그러니 탐구과정은 단계로, 탐구기능은 그 단계에서 이루어지는 활동으

엄띵이 쌤의 세 가지 맛 과학 공부법 ·

로 이해하면 된답니다. 최근에는 국가 교육과정에서 탐구과정과 탐구기능을 구분하지 않고 '과정·기능'으로 묶어서 씁니다.

한편, '탐구기능'은 기본이 되는 '기초 탐구기능'과 보다 고차원적인 사고가 필요한 '통합 탐구기능'으로 나뉜답니다. 학생들이 과학을 공부할 때 둘로 나누는 것이 크게 의미는 없으나, 전통적인 분류법이라 그대로 나눠봤어요. 그러니 과학 지식이 만들어지는 과정에서 필요한 활동임을 알고, 각각의 내용이 무엇인지 차근차근 살펴봐요. 기초 탐구기능은 엄떵이의 소소한 이야기로, 통합 탐구기능은 시험 문제를 통해 알아볼게요. 통합 탐구기능 중 일부는 앞에서 만난 탐구과정과도 겹치기 때문에 이해하기가 쉬울 거예요.

기초 탐구기능	통합 탐구기능
관찰	문제 인식
측정	가설 설정
분류	탐구설계 및 수행
예상	변인 통제
추리	자료 변환
의사소통	자료 해석
	결론 도출
	일반화

표 2-2　탐구기능의 종류

·관찰·

대학교 2학년 때 좋아한 선배가 있었어요. (선배는 제가 좋아하는 줄도 몰랐을 거예요.) 키는 대략 170~175cm 정도 되고 축 늘어진 스웨터를 자주 입었어요. 점심밥을 먹고 나면 도서관에서 꿀잠을 많이 잤구요. 어떻게 아냐고요? 제가 가까이에서 아주 자세히 '관찰'했거든요.

오후 루틴은요. 잠을 깨겠다는 이유로 중앙도서관 앞 벤치에 친구들과 삼삼오오 앉아요. 그러다 판기씨가 타주는 커피를 마시죠. (자판기 안에서 양손으로 부지런히 커피를 타주는 누군가가 있다고 상상했죠. 그래서 친구들과 함께 '판기'라고 이름 지어줬어요. 이런 걸 '사물의 의인화'라고 하죠?) 커피를 마시고 나면 판기씨에게 고마움을 표시하듯 자판기 앞에서 컵차기를 해요. 컵차기는 둥글게 모여 서서 종이컵을 땅에 떨어뜨리지 않고 발로 번갈아가며 차는 놀이예요. 네트가 없는 개인전 미니 족구를 떠올리면 되겠네요.

도서관 칸막이 책상에서 엎드려 자는 모습, 커피 마시는 모습, 컵차기하던 선배 모습이 고스란히 떠올라요. 특히 컵차기 할 때 유심히 봤었는데요. 사람들 사이에서 키가 중간 정도였어요. 저의 매서운 관찰력으로 선배에 대한 다양한 정보를 얻을 수 있었답니다.

이렇게 감각 기관을 이용하거나 현미경 또는 망원경과 같은 도구로 사물이나 현상에 대한 정보를 얻는 과정을 '관찰'이라고 합니다. 이는 탐구의 가장 기본 과정이기도 하죠.

중학교 1학년 첫 단원을 공부할 때, 광물 표본을 본 적 있나요? 얇은 판 모양으로 쪼개지는 흑운모를 신기하게 쳐다봤을 거예요. 광물은 돌멩이 속 알갱이를 말하는데, 이 광물 알갱이가 갖는 특성을 알기 위해서는 '관찰'해야 해요. 겉으로 보이는 색뿐만 아니라 광물끼리 서로 긁어보고 클립을 대어본 후 그 결과를 관찰하죠.

또 관찰은 눈으로만 하는 게 아니에요. 방해석에 염산을 떨어뜨린 후 이산화 탄소 기체가 발생해 거품이 이는 소리도 들어봐요. 광물에 해당하는 건 아니지만, 물체를 만졌을 때의 촉감이나 냄새로도 정보를 얻을 수 있어요.

이렇게 관찰한 결과를 이용하면 사물이 갖는 특성을 묘사할 수 있어요. 사물이 아닌 선배의 모습도 묘사할 수 있구요. 그래서 기억 속에 저장된 정보로 인해 비슷한 사람만 봐도 가슴이 콩닥거리는 오류가 생기기도 해요. 관찰이 꼭 '관심의 고찰' 줄임말 같습니다. 최근 내 눈 속에 들어온, 관찰하고 싶은 친구가 있나요? 친구가 아니어도 좋으니 그 누구든 무엇이든 눈에 담아보고 귀도 기울여 '관찰'해보세요.

·측정·

이제 엄떵이라는 별명에 맞게 고민을 해볼게요. 아무래도 선배 키를 170~175cm 정도로만 알기에는 아쉬워서 직접 재보고 싶은데 어떻게 할까요? 줄자를 들고 선배한테 가서 "저, 컵차기 실력과 키의 상관관계를 조사하고 있어요. 보고서 쓸 수 있게 좀 도와주세요."라고 할지, "축제 때 번외게임으로 '도토리 키재기' 행사를 할 예정인데 협조 좀 해주세요."라고 할지요. 한 소리 들을 게 뻔하지만 우여곡절 끝에 줄자로 키를 쟀다고 해보죠.

키를 쟀으니 숫자가 나올 테고 숫자 뒤에 알맞은 단위도 붙이게 될 거예요. 드디어 선배 키가 171.7cm라고 알아냈어요. 눈금이 1cm 크기로 표시된 키재기 줄자였는데, 소수점 아래에도 숫자가 있네요. 그 이유는요. 측정 도구에 표시된 최소 눈금을 10등분하여 어림잡아 읽어야 하기 때문입니다. 최소 눈금 1cm의 1/10이 0.1cm니까 소수 첫째 자리 숫자까지 나온 거죠. 눈금이 있는 모든 측정 도구를 사용할 때 적용되니 기억해두세요.

그림 2-12   어림잡아 눈금 읽기

측정은 관찰한 결과를 수로 나타낸 거예요. 이때 측정하려는 대상에 맞는 도구와 단위를 선택해야 하죠. 선배 키가 궁금한데 체중계를 들이밀 수

엄멍이 쌤의 세 가지 맛 과학 공부법·

는 없잖아요. 또 키는 '길이'니까 숫자 뒤에 길이 단위 중 하나인 'cm(센티미터)'가 붙는 것이 당연하고요. 그 외에도 측정 범위와 구간을 정하는 것, 어림잡아 눈금을 읽는 기술이 필요해요. 무엇보다 측정 도구의 사용법을 제대로 알아야 합니다. 눈금의 숫자가 '0'이 아닌 숫자 5인 곳에서부터 측정했다면 키가 실제보다 더 크게 나왔겠지요?

중학교 1학년 때 '물의 냉각곡선'과 '얼음의 가열곡선' 그래프를 그리게 될 텐데요. 시간에 따른 온도를 측정하고 그래프를 그린 후 온도 변화의 특징도 찾아냅니다. 단위로 섭씨온도(℃, 도씨)를 쓸 거구요. 2학년 때는 '전압과 전류의 관계'를 알아보기 위한 실험을 해요. 전압을 높이면서 니크롬선에 흐르는 전류의 세기를 측정하는데요. 이때 전류계의 눈금을 읽어 전류의 세기를 측정합니다. 전압은 V(볼트), 전류는 mA(밀리암페어)를 단위로 써요.

"우리 집 시계는 시간을 숫자로 바로 알려주는데요."라고 말하는 친구가 있을 거예요. 맞아요. 눈금 사이를 어림잡을 필요 없이 값을 바로 알려주죠. 가정에서 흔히 사용하는 체중계, 온도·습도계도 마찬가지구

그림 2-13 생활 속 디지털 기계

요. 이제 눈금으로 값을 읽는 아날로그 기계들이 사라지려나요?

·분류·

최근에 옷 가게에 가본 적 있나요? 예전에는 티셔츠, 외투, 바지처럼 종류에 따라 옷을 구별해서 걸어두었는데, 최근에는 색깔별로 정리하는 곳이 많아졌어요. 모양은 제각각이지만 비슷한 색의 조화로 아름다움이 배가 되어 눈이 호강한다는 느낌이 들 정도지요.

예전에는 종류로, 요즘엔 색깔로 옷을 분류한다는 게 느껴지죠? 이때 가장 중요한 것이 '기준'이에요. 기준이 명확해야 제대로 분류할 수 있거든요. 책꽂이를 정리하는 아주 사소한 일부터 과학을 공부하는 방법에 이르기까지 분류가 쓰이지 않는 곳이 없어요. 또 제대로 분류하면 일의 효율은 저절로 높아진답니다.

앞에서 광물 알갱이가 갖는 특성을 '관찰'한다고 했어요. 관찰하면 그 결과에 따라 광물을 '분류'할 수 있죠. 색으로 분류해보면요. 석영, 장석, 방해석과 같이 밝은색을 띠는 무색광물이 있구요. 반대로 철과 마그네슘을 포함한 유색광물도 있어요. 감람석, 휘석, 각섬석, 흑운모 같은 광물이 여기에 속해요.

'분류'와 아주 관계가 깊은 과학자 두 분을 소개하겠습니다. 한 분은 앞서 귀납적 탐구 방법에서 언급한 '찰스 다윈'이고, 또 한 분은 유전학의 아버지 '그레고어 멘델'입니다. 여러 과학자 중 '분류'와 관련된 과학자를 선택한 것도 '분류'라 할 수 있겠네요.

찰스 다윈은 영국의 해군 소속 선박인 '비글호'를 타고 약 5년 동안 남아메리카, 아프리카와 인도양, 태평양 등지를 두루 탐사했어요. 그 결과 『종의 기원』이라는 책을 통해 '자연선택설'을 주장했죠. (책의 본래 이름은 '자연선택의 방법에 의한 종의 기원: 생존 경쟁에서 유리한 종족의 보전에 대하여'입니다. 아이고, 숨차네요.) 이 주장에 힘을 실어준 것이 바로 '핀치새' 연구인데요. 다윈은 갈라파고스 제도에 사는 핀치새 부리를 조사해 분류했어요. 그리고 거주환경과 먹이의 종류에 따라 새 부리의 모양과 크기가 다르게 진화되었다고 주장했죠. 이때 제시한 그림이 나뭇가지 모양으로 뻗은 '계통수(系統樹)'입니다. 분류를 기본으로 한 계통수를 통해

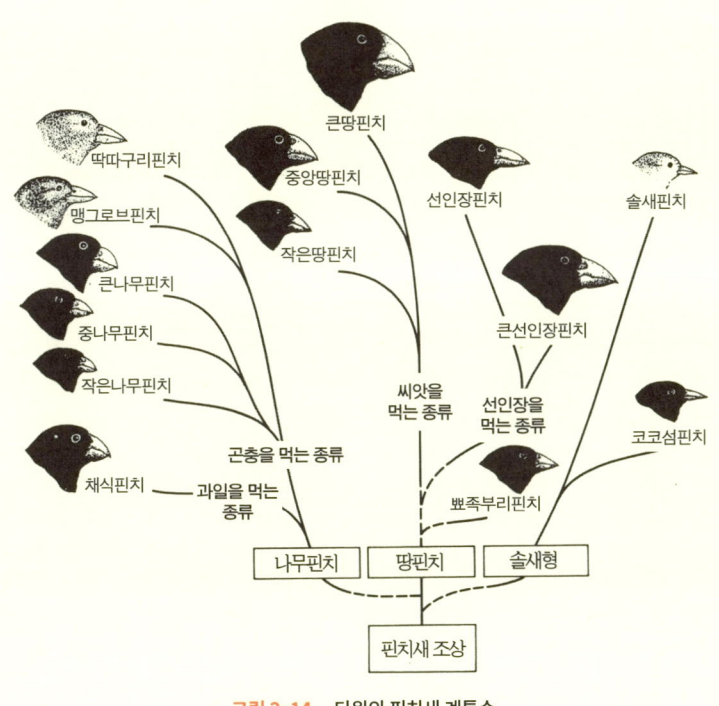

그림 2-14   다윈의 핀치새 계통수

진화 과정을 직관적으로 이해할 수 있어요.

검은 고양이와 흰 고양이가 만나 새끼를 낳으면 회색 고양이가 나온다고 믿었던 때가 있었죠. 바로 멘델이 살던 시대였어요. 수도원 사제였던 멘델은 완두를 재배하여 유전에 대한 실험을 진행했어요. 씨의 모양과 색깔 등 여러 형질에 따라 완두를 분류하고 체계적으로 교배했죠. 그 결과로 유전의 원리를 밝혀내 유전학의 기틀을 만드는 데 크게 기여했어요.

분류는 주어진 사물이나 사건, 현상들을 특정한 기준으로 나누는 것을 말해요. 많은 음식 중 좋아하는 음식이 있는 것도, 여러 친구들 중 나랑 마음 맞는 찐친이 있는 것도 분류가 있기에 가능하죠. 보통 하나의 기준으로 두 부류로만 나눈다고 생각하기 쉬운데요. 세분화된 기준이 더해지면 그 이상으로도 나눌 수 있어요. (나무핀치에서 과일을 먹는 핀치와 곤충을 먹는 핀치로 다시 나눠져요.) 저는 이 순간 이 책을 읽고 있는 독자 여러분과 아직 이 책을 만나지 못한 예상독자, 그중에 곧 독자가 될 친구들로 나눠볼 수도 있겠군요.

우리는 다양한 '분류'의 세계에 살고 있어요. 무엇보다 공부의 기본이 '분류'라는 것을 알고 있나요? 아는 것과 모르는 것을 구분하는 것이 가장 중요하기 때문인데요. 모르는 내용과 대충 아는 내용을 은근슬쩍 아는 쪽으로 분류했다가는 공부할 거리가 하나도 없는 일이 벌어질지도 몰라요. ('앗싸!'라고 외칠 일이 아니에요.) 그러니 가슴에 손을 얹고 솔직한 마음으로 '분류'해야 합니다.

·예상·

예상은 관찰이나 측정 결과를 토대로 규칙성을 파악하고 앞으로 일어날 일을 미리 판단하는 거예요. 주로 자료를 분석하고 해석할 때 '예상'을 많이 합니다. 저는 요리할 때 제일 많이 쓰는데요. 라면 1개를 끓일 때 필요한 물의 양을 알기 때문에, 10인분의 맛있는 라면을 대령할 수 있죠. 조금 더 고급지게 말해볼까요? '라면의 개수에 따른 물의 양'을 알고 있기 때문에, 실제로 끓여본 적 없는 100인분의 라면도 너끈히 끓일 수 있단 말이죠.

중학교 1학년 때, 용수철을 이용해 추의 '무게'를 측정해요. 용수철 실험 장치 맨 위 고리에 용수철을 달고 반대쪽 용수철 꼬리에 추를 달아줍니다. 질량이 100g인 추를 1개부터 하나씩 증가시키면서 용수철이 늘어난 길이를(나중 길이에서 처음 길이를 빼준 값이에요.) 측정하는 실험이죠. 질량이 100g인 추의 무게를 약 1N(뉴턴)으로 가정하고 추를 최대 3개까지 실험했어요. 그 결과 2-2와 같은 그래프가 나왔습니다.

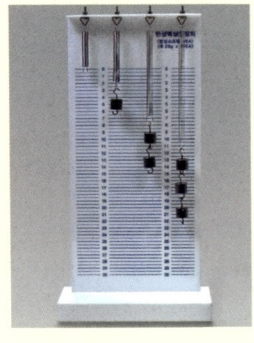

그림 2-15 용수철 실험 장치

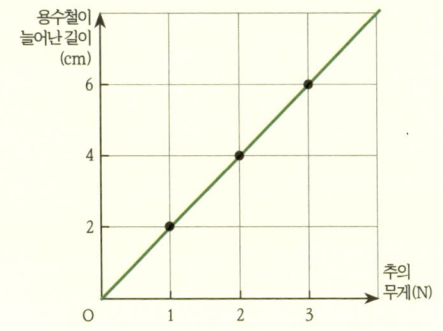

그래프 2-2 추의 무게에 따른 용수철이 늘어난 길이

그래프를 이용하면 추의 무게가 2.5N일 때, 1N보다 작거나 3N보다 클 때도 늘어날 용수철의 길이를 예상할 수 있어요. 추의 무게가 2.5N일 때의 늘어난 용수철의 길이를 예상하면 내삽, 1N보다 작거나 3N보다 클 때의 용수철의 길이를 예상하면 '외삽'이라고 해요. 실험 범위 내에서 실험하지 않은 임의의 x값에 해당하는 y값을 예상하면 '내삽'이고요. 실험 범위에서 벗어난 값에 대해 예상하면 '외삽'이 되는 거죠. 직접 실험하지 않고도 예상할 수 있으니 좋죠?

·추리·

추리(推理)는 한자 '밀 추(推)'와 '다스릴 리(理)'로 된 단어예요. '밀 추'도 되지만 '밀 퇴'도 되지요. 글을 다 쓴 후에 다듬는 과정을 '퇴고'라고 하는데요. 퇴고하려면 이전에 쓴 글을 다시 봐야 해요. (여기서 '이전'이라는 글자에 방점을 찍어주세요.) 추리도 마찬가지죠. 혹시나 작은 단서라도 놓칠세라 한 손으로 돋보기를, 다른 한 손으로는 파이프 담배를 물고 고민하는 '셜록 홈스'가 생각나네요.

예상이 앞으로 일어날 현상을 미리 판단하는 것이라면, 추리는 관찰 사실 자체가 아닌 그 뒤에 숨은 내용을 찾아내는 거예요. 쉽게 말해 예상이 아직 일어나지 않은 일에 대한 것이라면, 추리는 이미 일어난 일에 대해 판단하는 거죠. 노스트라다무스와 셜록 홈스의 대결이네요. 노스트라다무스의 예상 능력도 셜록 홈스의 추리력도 부럽기만 합니다. 둘 다 갖고 싶은 능력인 것만은 분명하네요.

'상자 속 물건을 맞혀라.'라는 미션에서 '아, 난 이유는 모르겠고 사탕이 있는 것 같아.'라고 말하는 친구가 있다면요. (그냥 사탕이 먹고 싶었던 건 아닌지 의심스럽네요.) 타당한 근거도 없이 말한 친구는 추리가 아닌 '추측'을 한 거예요. 상자를 흔들어보고 기울여도 보면서 관찰력과 추리력을 기를 수 있도록 해야겠어요.

·의사소통·

'의사소통'이라… 어쩌 국어 시간에나 들을 법한 단어네요. 하지만 과학 지식 또한 다른 사람들과의 상호작용으로 만들어진다는 것을 기억해야 합니다. 우리 삶에서 의사소통이 필요하지 않은 순간은 없어요. 혼자 살아갈 수 없으니까요. 과학 시간에 실험하고 토론할 때도 우리는 서로의 생각을 듣고 질문하고 대답하면서 이야기를 나누지요.

과학 지식뿐만 아니라 이 세상에 있는 모든 지식은 함께 나누고 소통하기 위해 존재해요. 또 나누고 소통했기에 그만큼 가치가 있는 것이기도 하구요. 우주의 섭리를 찾아낸 과학자가 그 진리를 품고만 있다면 의미가 있을까요? 영화 속 숨은 고수들에게도 그 실력이 드러날 상황이 찾아오는 것처럼, 과학자에게도 진리를 함께 나누게 될 날이 올 거예요.

우리는 아직 우주의 섭리를 찾아낸 고수가 아니기에 숨어 있을 이유가 없어요. 그러니 자신의 생각을 마음껏 표현하면 됩니다. 말과 글로 생각을 표현하고 과학 시간에는 표와 그래프, 공식 등을 더해서 의사소통하면 되지요. 단, 명확하게 전달하기 위한 방법을 알아야 해요. 그래야만

조리 있게 말하고 논리적인 글을 쓸 수 있기 때문이에요. 그 방법을 익히기 위해 다음에 나오는 통합 탐구기능까지 살펴봐요!

·문제인식·

앞에서 나왔던 타이어 사건 기억나요? 30도를 웃도는 무더운 여름날, 운행 중이던 버스 타이어가 터졌다고 했었죠. 뉴스를 통해 접한 이 사실로부터 '왜 더운 여름날 버스 타이어가 터졌을까?'라고 궁금해했다면 당신은 이미 과학을 사랑할 준비가 된 거예요.

이렇게 우리 주변 자연 현상을 통해 탐구할 주제를 찾아보세요. 아니면 기존 과학 지식을 이용해 문제를 재구성해봐도 좋구요. 둘 다 '문제인식'입니다. 타이어 사건의 경우 '왜 여러 날 중 더운 여름날 그랬을까?', '왜 하필 버스 타이어가 터졌을까?' 등으로 문제를 제기해볼 수 있죠. 문제인식은 보통 '왜 그럴까?'처럼 질문 형태로 만들어지구요. 이 질문을 시작으로 과학 탐구과정이 진행된답니다.

중학교 3학년 학업성취도평가 문제를 가지고 왔어요. 위는 출제된 문제이고 아래는 주어진 탐구기능에 맞게 수정한 거예요. 해당 탐구기능에 초점을 맞춰서 문제를 만나보세요.

1. 그림 (가)는 플라스크 안에 들어 있는 공기를 분자 모형으로 나타낸 것이고, (나)는 (가)의 플라스크를 손으로 감쌌을 때 잉크 방울이 A 방향으로 이동한 모습을 나타낸 것이다.

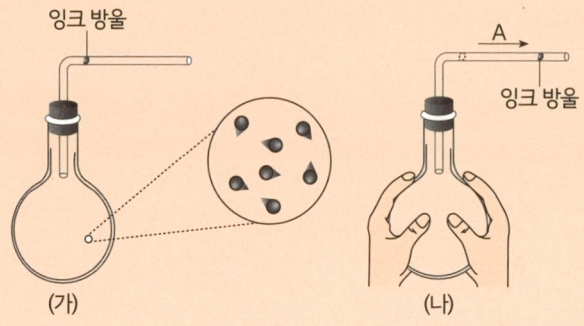

(가)   (나)

(나)의 플라스크 안에 있는 공기를 분자 모형으로 나타낼 때, 이 모형을 (가)와 비교하여 설명한 것으로 가장 적절한 것은?

① 분자가 플라스크 가운데로 모인다.
② 분자 사이의 거리가 멀어진다.
③ 분자 운동이 느려진다.
④ 분자 크기가 커진다.
⑤ 분자 수가 증가한다.

1-1. 그림 (가)는 플라스크 안에 들어 있는 공기를 분자 모형으로 나타낸 것이고, (나)는 (가)의 플라스크를 손으로 감쌌을 때 잉크 방울이 A 방향으로 이동한 모습을 나타낸 것이다.

이 실험과 관련된 생활 속 현상에 대한 물음으로 가장 적절한 것은?

① 여름철에 버스 타이어가 왜 터질까?
② 하늘 높이 올라간 풍선이 왜 터질까?
③ 높은 산에 올라가면 과자 봉지가 왜 부풀까?
④ 비행기가 이륙하거나 착륙할 때 왜 귀가 먹먹해질까?
⑤ 어항 속 공기 방울이 왜 수면으로 올라갈수록 커질까?

엄떵이 쌤의 세 가지 맛 과학 공부법·

·가설설정·

눈치챘나요? '여름철에 버스 타이어가 왜 터질까?'라는 문장 앞에 '겨울철과 달리'가 생략된 거예요. (꼭 겨울이 아니어도 여름철보다 기온이 낮은 계절과 비교했다는 걸 눈치채면 돼요.) 또 타이어를 통해 공기가 들어오거나 나가지 않았을 테니까, 타이어가 터진 것은 타이어 속 공기 분자의 운동 때문일 거예요. 결국 '온도'와 '공기 분자의 운동 차이'라는 관계를 검증하면 되겠네요. 그런데 공기 분자의 운동은 눈에 보이지 않기 때문에 관찰하기가 어려워요.

실험하려면 관찰이 가능한 형태로 바꿔주어야 하는데요. '공기 분자의 운동 차이'와 '타이어가 터진 것' 사이에 연결고리를 찾아야 해요. 공기 분자의 운동이 활발해지면 공기가 담긴 타이어의 부피가 커지겠지요? 부피가 커지는 것은 눈으로 확인할 수 있으니 관찰이 가능하구요. 이때 '공기가 담긴 타이어의 부피'가 바로 '기체의 부피'예요. (기체가 담긴 용기의 부피가 곧 기체의 부피랍니다. 그럼 기체 자체의 부피는 없는 걸까요? 이렇게 꼬리를 무는 질문이 이어져야 합니다.)

이제 '온도가 높을수록 기체의 부피가 증가할 것이다.'라는 가설이 만들어졌어요. 이렇듯 '가설설정'은 이미 알고 있는 사실을 근거로 변인 사이의 관계를 검증할 수 있는 형태로 바꾼 거예요. 변인(變因)이라는 단어가 어려우면 의미만 유추해보자구요. 한자 '변(變)'을 통해 '변화'를, '인(因)'을 통해 '원인'을 생각해보세요. '변화 요인'으로 해석되지요? 이제 문제를 통해 가설을 설정하고 이를 실험 주제와 연결해보세요.

1-2. 그림 (가)는 플라스크 안에 들어 있는 공기를 분자 모형으로 나타낸 것이고, (나)는 (가)의 플라스크를 손으로 감쌌을 때 잉크 방울이 A 방향으로 이동한 모습을 나타낸 것이다.

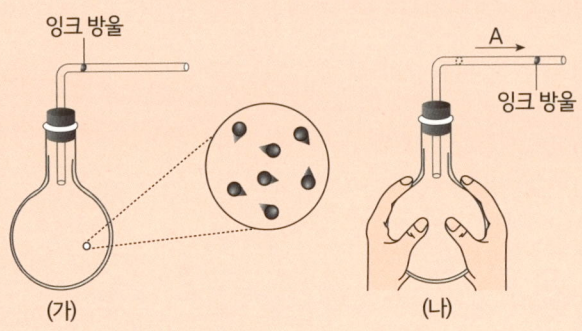

(가)

(나)

이 실험의 제목으로 가장 적절한 것은?

① 온도에 따른 기체의 부피 변화

② 압력에 따른 기체의 부피 변화

③ 온도에 따른 기체 분자 수 변화

④ 압력에 따른 기체 분자 수 변화

⑤ 온도에 따른 기체 분자 크기 변화

·탐구설계 및 수행·

설계(設計, 세울 설, 조사할 계)는 한자 그대로 계획을 세우는 것이구요. 수행(遂行, 따를 수, 행할 행)은 계획한 대로 무언가를 해내는 것을 말해요. (여러분에게 친숙한 '수행평가' 과정을 떠올리면 이해하기 쉽겠죠?) 탐구와 연결해보면요, '탐구설계'는 실험을 계획하는 것, '탐구수행'은 실험을 그대로 진행하는 것을 뜻해요. 계획한 후 직접 실험하는 것이 뭐가 어렵냐고 하겠지만, 실험 주제만 주어져 있다고 생각해보세요. 주제에 맞게 실험을 설

엄떵이 쌤의 세 가지 맛 과학 공부법·

계하고 직접 수행하는 것이 쉬운 일은 아니에요.

　주제에 맞는 실험들이 교과서에 주어져 있어 다행입니다. 교과서 실험을 접하면서 '나 같으면 이렇게 해보겠어.'라는 생각으로 새로운 실험을 구상해보는 것도 좋겠지요. 늘 보던 실험이라도 다른 시선으로 한번 비틀어 본다거나 특정 실험 기구가 없을 때 대안으로 무엇을 사용할지 고민해보는 것 또한 매우 훌륭한 공부법입니다.

　자! 앞에서 봤던 플라스크는 이제 잊어주세요. '온도에 따른 기체의 부피 변화'라는 실험 주제만 주어졌다고 가정해봐요. 어떤 실험 기구로 어떻게 실험할 건가요? 정말 막막하죠? 그래서 너그러운 마음으로 준비물도 갖고 왔어요. 그러니 스스로 실험을 설계해보는 겁니다. (그림에 없는 실험 기구도 생각해낼 수 있다면 정말 좋겠지요? 준비물에 있는 스포이트처럼요.)

> **1-3.** 다음에 주어진 재료를 이용하여 '온도에 따른 기체의 부피 변화'라는 주제로 실험하려고 한다. 주제에 맞는 실험을 직접 설계하시오.
>
> 둥근 플라스크, 구멍 뚫린 고무마개, 잉크, 유성 펜, ㄱ자 유리관, 스포이트

　실험설계는 디지털 교육과도 무관하지 않은데요. 실험 기구와 연결해 실험 과정을 유추하고 정리하며 서술하는 것이 바로 '코딩을 위한 알고리즘'을 만드는 과정과 비슷하거든요. 몇 년 전 유튜브에서 큰 인기를 끌었던 '샌드위치 코딩'이 있어요. 어느 개발자 아빠가 아이들이 써낸 방법대로 직접 샌드위치를 만드는 영상인데요. 땅콩버터를 바르지 않은 채

칼만 식빵에 문지르거나, 뚜껑이 닫힌 잼 통을 식빵에 그대로 문지르는 우스꽝스러운 모습이 나와요. 실험을 설계하듯 여러 번의 도전 끝에 다행히 그럴싸한 샌드위치를 먹긴 해요.

앞선 실험 과정이 머릿속에서 그려지나요? 간단해 보이는 실험도 한 단계씩 적으려면 쉽지 않아요. '플라스크에 유리관을 꽂고 잉크를 떨어뜨린 후 손으로 감싼다.' 정도는 생각했을 거예요. 쓰고 보니 코끼리를 냉장고에 넣는 방법 3단계와 비슷하네요. 코끼리의 마음을 헤아려 좀 더 섬세하게 접근해야 하는 것처럼, 자칫 빠트리기 쉬운 과정까지 생각해 낼 힘이 필요합니다. 자신이 쓴 것과 비교하면서 놓친 부분을 체크하고 어떻게 보완하면 좋을지 점검해보세요.

1-4. 다음에 주어진 재료를 이용하여 '온도에 따른 기체의 부피 변화'라는 주제로 실험하려고 한다. 주제에 맞는 실험을 직접 설계하시오.

> 둥근 플라스크, 구멍 뚫린 고무마개, 잉크, 유성 펜, ㄱ자 유리관, 스포이트

① 구멍 뚫린 고무마개에 ㄱ자 유리관을 조심히 꽂는다.
② 유리관을 꽂은 고무마개를 둥근 플라스크 입구에 꽂는다.
③ 스포이트를 이용하여 유리관 안의 특정 부위에 잉크 방울을 떨어뜨린다. (단, 잉크 방울이 유리관 단면을 완전히 덮도록 한다.)
④ 처음 잉크 방울을 떨어뜨린 지점을 유성 펜으로 표시한다.
⑤ 두 손으로 둥근 플라스크를 감싼 후 잉크 방울의 이동을 관찰한다.
⑥ 잉크 방울이 멈춘 지점을 다시 유성 펜으로 표시한다.

실험설계가 끝나면 실험 기구 사용법과 실험실에서 지켜야 할 안전

엄떵이 쌤의 세 가지 맛 과학 공부법 ·

수칙에 주의하면서 실험하면 돼요. 특히 이 실험에는 유리 기구가 나오니까 조심 또 조심해야겠어요.

·변인통제·

실험이란 가설에서 나온 두 변인 사이의 관계를 검증하는 것입니다. 타이어 사건에서 '온도가 높을수록 기체의 부피가 증가할 것이다.'라는 가설을 세웠죠. 그러니 '온도'와 '기체의 부피'와의 관계를 찾으면 되는 거죠. 그런데 가설로 제시된 문장만 봐도 알 수 있는 사실이 있어요. '온도'는 '기체의 부피'를 다르게 하는 '원인'이 되고, '기체의 부피'는 '온도'에 의해 변하는 '결과'라는 거지요. 결국 두 변인 사이의 인과(원인과 결과) 관계를 찾아내는 것이 실험의 목표라고 할 수 있어요.

문제 속 그림을 보고 플라스크를 두 개 준비하면 안 돼요. 플라스크 하나로 실험을 시작한 후 손을 감싼 다음 온도가 달라지는 상황을 보는 거예요. 이와 다르게 '사탕의 크기에 따른 물에서의 녹는 속도 비교' 실험에서는 처음부터 비커를 두 개 준비해요. 한 비커에는 덩이 사탕을, 다른 비커에는 가루 사탕을 넣었죠. 이때 가루 사탕이 든 비커를 '실험군', 덩이 사탕이 든 비커를 '대조군'이라고 합니다.

실험 조건을 인위적으로 변경하거나 제거한 집단이 실험군, 실험 조건을 변경하거나 제거하지 않은 집단이 대조군이에요. 다시 말해 실험군은 실험에서 주된 관심을 받게 될 무리구요. 대조군은 실험군과 비교하기 위한 무리지요.

한편, 실험에서 나오는 변인에는 총 네 가지가 있는데요. 이때 변인은 '변하는 그 무엇'이라고 생각하면 됩니다. 실험 결과에 영향을 주는 '독립변인', 독립변인 중 가설 검증을 위해 의도적으로 변화시키는 '조작변인'이 있구요. 이 조작변인에 따라 나타나는 실험 결과를 '종속변인'이라고 해요.

마지막으로 조작변인 외에 실험 결과에 영향을 주는 독립변인이 있어요. 그래서 반드시 일정하게 유지해야 하며 이를 '통제변인'이라고 합니다. 이 통제변인을 일정하게 유지하는 활동을 '변인통제'라고 하는 거구요. 표 2-3을 통해 변인 사이의 관계를 잘 파악해보세요.

변인		주제	
		온도에 따른 기체의 부피 변화	사탕의 크기에 따른 물에서의 녹는 속도
독립 변인	조작변인	온도	사탕의 크기
	통제변인	플라스크 안에 있는 공기의 양 등	사탕의 양, 사탕의 종류 물의 양, 물의 온도 등
종속변인		기체의 부피 변화	물에서 녹는 속도

표 2-3　주제에 따른 변인의 종류

결국 실험 주제는 '조작변인에 따른 종속변인'의 형태로 나타낼 수 있구요. 가설은 '조작변인이 ~할수록, 종속변인이 ~할 것이다.'로 서술하면 됩니다. 표를 이용하면 '온도가 높을수록 기체의 부피가 커질 것이다.'와 '사탕의 크기가 작을수록 물에 빨리 녹을 것이다'로 쓸 수 있겠네요.

엄떵이 쌤의 세 가지 맛 과학 공부법 ·

·자료변환·

'변환(變換)'으로 한자 놀이 한번 해볼까요? 어떤 단어가 떠오르나요? '변화'와 '전환'이 생각나면 좋구요. 변화 대신 변동이나 변신을, 전환 대신 교환이나 치환을 떠올려도 괜찮아요. 쉽게 풀어보면 '다르게 바꾼다'는 뜻이지요. 자료변환은 실험을 통해 얻은 자료를 표나 그래프 등으로 바꾸는 것을 말해요.

자료를 변환하면 자료의 규칙성이나 경향을 파악하기가 쉬워요. 실험 결과를 말이나 글로 백번 설명하는 것보다, 표나 그래프로 표현하는 것이 백배 낫지요. 표를 그래프로 변환할 때는요. 실험의 목표가 조작변인과 종속변인의 관계를 끌어내기 위함이라는 것을 절대 잊으면 안 돼요.

<표 만들기>

이제 '온도에 따른 기체의 부피 변화'의 실험 결과를 표로 만들어보겠습니다. 그런데 플라스크 실험으로는 온도와 기체의 부피를 측정하기가 쉽지 않겠네요. 자! 이럴 때 실험설계 능력을 보여주는 겁니다. 어떤 실험 기구로 어떻게 실험하면 될까요?

이 책은 순한맛을 기본으로 하기에 교과서에 있는 실험을 가지고 왔어요. 온도를 변화시키고 또 이를 측정하기 위해서 가열장치와 온도계가 필요하겠지요. 플라스크 대신 눈금이 있는 주사기를 사용하면 기체의 부피를 쉽게 측정할 수 있겠네요. 문제를 통해 실험 결과를 기록할 표를 만들어보세요.

2. 그림은 일정한 압력에서 공기 75.0mL가 들어 있는 주사기의 마개를 막은 후, 20℃의 물이 들어 있는 비커에 넣은 모습을 나타낸 것이다. 물의 온도를 20℃씩 높여 80℃까지 변화시켰을 때 주사기 속 공기의 부피를 측정하려고 한다.

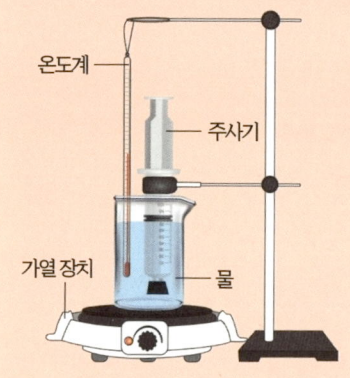

온도계
주사기
가열 장치
물

이 실험의 결과를 기록할 표를 그려보시오.

'물의 온도를 변화시켰을 때 주사기 속 공기의 부피를 측정하려고 한다.'고 써져 있네요. (이렇게 문제 속에 답이 숨어 있어요.) 물의 온도가 조작변인, 주사기 속 공기의 부피가 종속변인이에요. 이제 찾을 수 있겠죠? 이 두 변인을 표에 담아내면 된답니다.

표를 만들 때는요. 각 변인을 쓴 후 괄호 안에 단위도 함께 표기해야 해요. (물론 단위가 없는 경우도 있어요.) 또 논리적인 순서에 맞게 배열해야 하는데요. 첫 줄은 문제에 제시된 대로 온도 20℃를 시작으로 20℃씩 증가시켜 80℃까지 기록하고, 해당 온도 아래 칸에는 그때의 공기 부피를 기록하면 되겠죠. 공기의 부피는 그림에서 주사기 피스톤 고무의 아래 끝 지점이 가리키는 눈금을 어림잡아 읽으면 됩니다.

물의 온도(°C)	20	40	60	80
주사기 속 공기의 부피(mL)				

표 2-4 물의 온도에 따른 주사기 속 공기의 부피

<그래프 그리기>

실험 결과는 표 2-5와 같아요. 물의 온도가 증가할수록 주사기 속 공기의 부피도 증가한다는 것을 알 수 있죠. (섣불리 비례한다고 하면 안 돼요.) 우리가 알고 싶은 것은 경향을 뛰어넘는 '조작변인과 종속변인의 관계'예요. 여기서 관계란 비례, 반비례, 제곱의 반비례 등을 말하는 것이구요. 그래서 그래프를 그려봐야 한답니다.

측정값이 많거나 두 변인의 관계가 단순해 보이지 않을 때는 그래프를 그려주는 프로그램의 도움을 받기도 해요. 하지만 자료가 많지 않으니 직접 그래프를 그려보자구요. 과학에서 그래프 그리는 방법이 중요하기도 하니까요.

물의 온도(°C)	20	40	60	80
주사기 속 공기의 부피(mL)	75.0	80.0	85.3	90.3

표 2-5 물의 온도에 따른 주사기 속 공기의 부피(측정값)

다음은 그래프 그리는 방법입니다. 기본에 충실해야 한다는 생각으로 좌표평면을 그리는 것부터 출발합니다. 어디까지나 조작변인과 종속변인의 관계를 끌어내기 위한 그래프를 그리는 경우에 해당해요. 순서대로 따라가면서 표를 그래프로 바꿔보세요.

표 2-6   그래프 그리는 법

x축과 y축의 간격 크기는 다를 수 있어요. 하지만 하나의 축 안에서 간격의 크기는 일정해야 합니다. (일정한 간격의 선형눈금이 아닌 '로그눈금'도 훗날 배우게 됩니다.)

학생들이 제일 많이 하는 실수는요. 측정값을 점으로 찍은 후 선을 긋지 않는 겁니다. 또 추세선이 아닌 이웃한 점을 이은 지그재그 모양의 그래프를 그리기도 하죠. x축이 온도의 증가라는 논리적인 순서로 되어 있기 때문에 꺾은선그래프로 그리면 안 되구요. 그 모양으로는 두 변인 사이의 관계를 끌어낼 수 없으니 적절한 선 하나를 그어야 해요. 직선이든 곡선이든 말이죠. 다음 그래프 2-3처럼 얻어졌는지 확인해보세요.

추세선 외에 교과서에서 만날 수 있는 여러 가지 그래프가 있어요. 실제값의 크기를 정확히 나타내고자 할 때 이용하는 '막대그래프'와 '꺾

엄떵이 쌤의 세 가지 맛 과학 공부법 ·

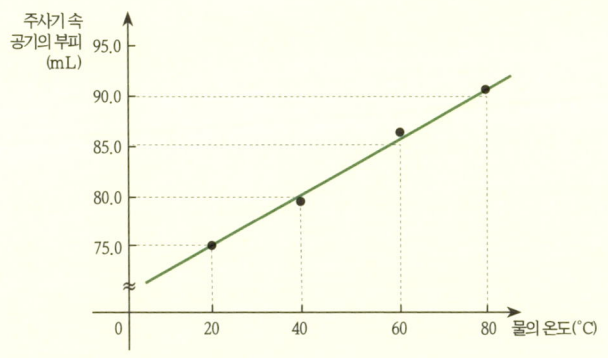

그래프 2-3　물의 온도에 따른 주사기 속 공기의 부피

은선그래프'가 있구요. 실제값보다 비율이 더 중요할 때는 '원그래프'나 '띠그래프'를 그려요. 각 그래프에 해당하는 예시들을 만나볼게요.

막대그래프

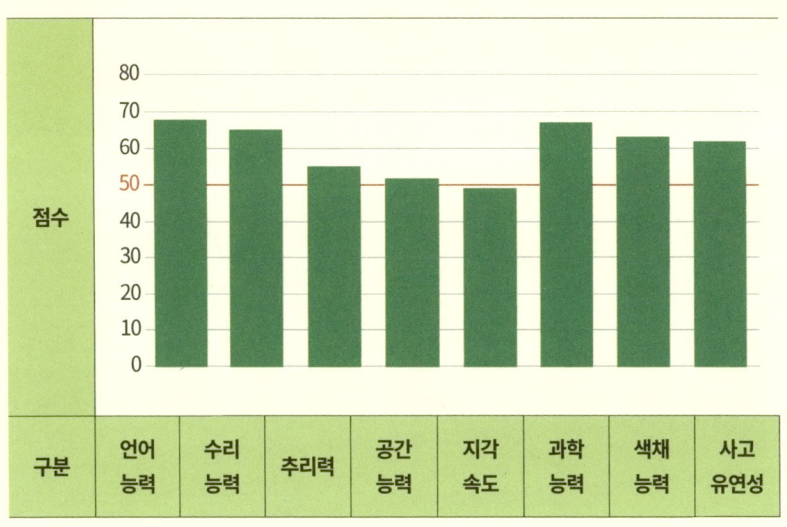

그래프 2-4　엄띵이의 요인별 적성 능력 (출처: 워크넷 검사 결과)

지각이 잦았던 그 시절 여중생으로 돌아가 워크넷에서 '직업심리검사'를 해봤어요. 검사를 중지하고 싶은 마음이 여러 번 들었지만 결과를 보니 친구들에게 더 권하고 싶어지네요. 엄떵이의 적성이 잘 반영된 결과가 나왔거든요. 엄떵이의 요인별 점수를 정확히 알 수 있고 서로 비교도 할 수 있어요. 하지만 '연애 능력'을 알 수는 없어요. 그래프에 나타나지 않은 값을 알 수 없다는 것이 막대그래프가 지닌 단점이거든요.

꺾은선그래프

크기를 나타낸다는 점에서 막대그래프와 같지만, 지속적인 변화를 다룰 때 유용한 그래프가 있어요. 바로 '꺾은선그래프'인데요. 시간에 따른 변화를 나타낼 때 주로 사용하며 그래프에 주어지지 않은 값도 예상할 수 있다는 장점이 있죠.

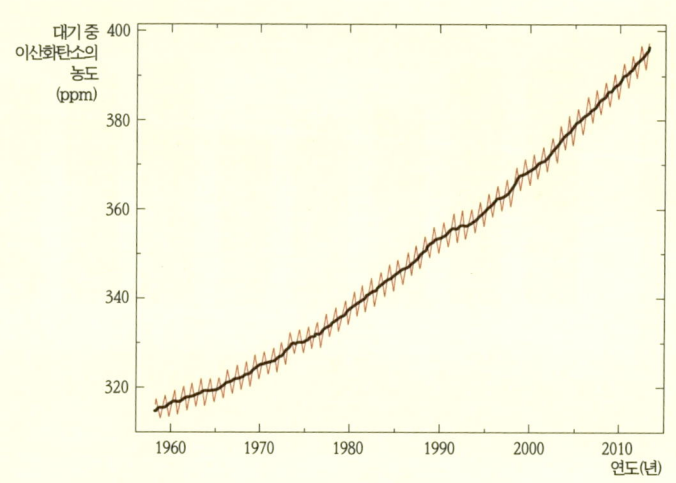

그래프 2-5 연도별 대기 중 이산화 탄소의 농도

엄떵이 쌤의 세 가지 맛 과학 공부법·

그래프 2-5는 화학자 '찰스 데이비드 킬링'이 1958년부터 하와이 마우나로아에서 대기 중 이산화 탄소 농도를 측정한 결과예요. 그의 이름을 따서 '킬링(Keeling) 곡선'이라고도 불러요. (그래프 제목을 보더니 지구의 기온을 높이는 킬링(killing)의 철자가 잘못된 게 아닌지 묻는 친구가 있었죠. 지구를 사랑하는 학생이네요.) 빨간색 꺾은선그래프의 경향을 보면 주어진 마지막 연도 이후의 이산화 탄소 농도 또한 지그재그 모양으로 더 높아질 것이라 예상할 수 있어요. (그래프에서 지그재그 모양 사이에 있는 검은색 선은 평균값을 나타냅니다.)

원그래프와 띠그래프

이제 비율을 나타내는 그래프로 넘어갑니다. 비율을 원 모양으로 나타내면 원그래프, 띠 모양으로 나타내면 띠그래프예요. 해수는 왜 짤까

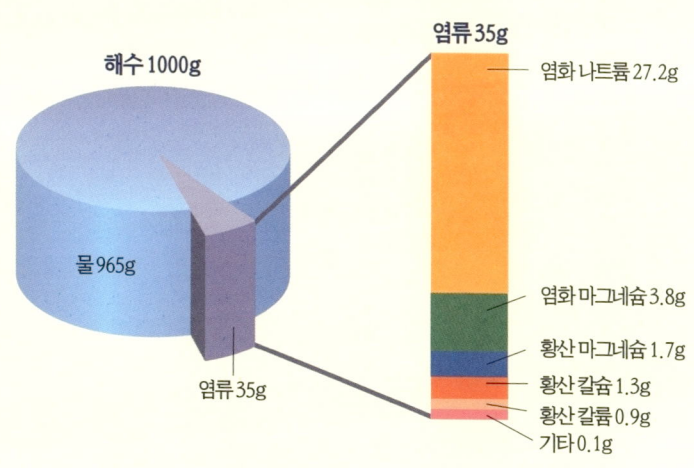

그래프 2-6 (왼쪽) 염분이 35psu인 해수의 구성을 나타낸 원그래프.
(오른쪽) 염류 35g에 포함된 물질의 구성을 나타낸 띠그래프.

요? 바로 해수에 녹아 있는 염류 때문인데요. 염류는 종류에 따라 녹아 있는 정도가 달라요. 각각의 비율은 주어진 질량으로 구할 수 있구요.

해수 속 염류의 양은 너무 작아서 백분율이 아닌 해수 1000g이 기준인 천분율(permil, 퍼밀, 단위표기: ‰, 물 999g 속에 염류 1g이 들어 있을 때 그 농도가 1‰이다.)로 나타냅니다. 염분의 천분율 값이 실용염분단위(psu) 값과 차이가 있지만 그 값이 비슷하다고 공부하는 거구요. 놀라운 것은 바다마다 염류의 양은 다르지만, 각 염류가 차지하는 비율이 같다는 거예요. 그래서 나오게 된 법칙이 바로 '염분비 일정 법칙'입니다.

·자료해석·

자료해석은 표나 그래프, 그림 등을 해석하거나 설명하는 것을 말해요. 주로 조작변인과 종속변인의 관계를 끌어내는 것이 대부분이지요. 이때 앞서 소개한 예상과 추리 능력도 필요하답니다. 쉿! 이건 제 영업비밀인데요. 과학 시험 문제 중 표와 그래프, 그림을 해석하는 게 정말 많다는 겁니다. 이 세 가지만 잘 알아도 문제를 만나는 것에 큰 두려움이 없을 정도로요.

문제 2-1의 표를 보면 '물의 온도가 높아질수록 주사기 속 공기의 부피가 증가한다.'로 해석됩니다. 물의 온도가 높아지면 주사기 속 공기를 이루는 기체 분자의 운동이 활발해져서 주사기의 피스톤을 위쪽으로 밀어 올려요. 그래서 주사기 속 공기의 부피가 커지는 거지요. 한편, 온도 구간에 따른 부피값의 차이가 5.0mL, 5.3mL, 5.0mL로 일정하지 않기 때문에, 표만 보고 '비례 관계'라고 할 수 없어요.

엄떵이 쌤의 세 가지 맛 과학 공부법 ·

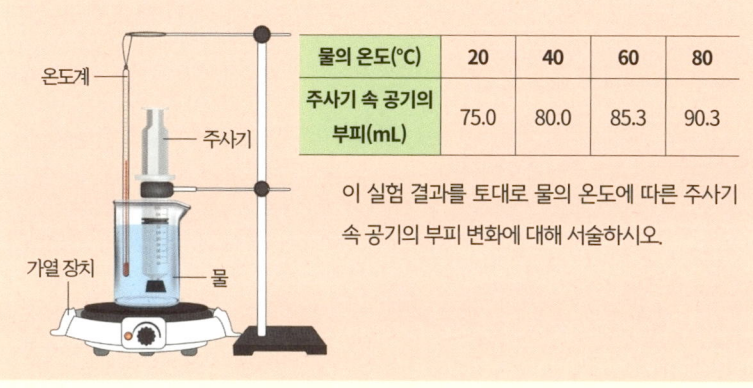

2-1. 그림은 일정한 압력에서 공기 75.0mL가 들어 있는 주사기의 마개를 막은 후, 20℃의 물이 들어 있는 비커에 넣은 모습을 나타낸 것이다. 표는 물의 온도를 20℃씩 높여 80℃까지 변화시켰을 때 주사기 속 공기의 부피를 나타낸 것이다.

물의 온도(℃)	20	40	60	80
주사기 속 공기의 부피(mL)	75.0	80.0	85.3	90.3

이 실험 결과를 토대로 물의 온도에 따른 주사기 속 공기의 부피 변화에 대해 서술하시오.

그래프 2-3을 보면 측정값과 그래프상의 값 차이가 가장 작게 나오도록 추세선이 그어져 있죠. (훗날 '최소제곱법'을 공부하게 될 거예요.) 직선으로 그어진 그래프를 통해 두 변인의 관계가 비례함을 알 수 있네요. 그래서 '주사기 속 공기의 부피는 물의 온도에 비례한다.'고 해석됩니다.

여기서 과학 공부 꿀팁 나갑니다. 자료해석 단계에서 표나 그래프 외에 그림도 자주 나온다고 했었는데요. 비슷한 그림이 두 개 제시될 때는 두 그림의 공통점과 차이점을 찾아보는 거예요. 예를 들어 식물세포와 동물세포가 그림으로 주어졌을 때 당연히 공통점과 차이점을 찾을 수 있어야 해요. 이런 노하우가 쌓이다 보면 "뭐, 아는 문제라서 다 맞았답니다."라는 말이 자연스럽게 나온다니까요.

·결론도출·

결론도출(結論導出, 맺을 결, 논할 론, 이끌 도, 날 출)은 해석된 자료를 바탕으로 문제에 대한 해답을 얻는 것을 말해요. 자료해석이 실험을 통해 나온 자료를 단순히 해석하는 과정이라면, 결론도출은 가설에 대해 판단내리는 과정이죠. 때로는 자료를 해석한 내용과 결론이 같을 수도 있어요.

실험으로 돌아가볼게요. '주사기 속 공기의 부피는 물의 온도에 비례한다.'고 해석했어요. 애초에 주사기 속 공기의 온도는 주사기가 잠겨 있는 비커 속 물의 온도와 같다고 가정한 거예요. 또 주사기 속 공기의 부피에서 주사기라는 실험 기구를 빼고 간략히 정리해보면요. 결국 '공기의 부피는 온도에 비례한다.'라는 결론이 나오게 됩니다.

·일반화·

일반화는 여러 개의 구체적인 사실에서 더 포괄적인 의미를 이끌어내는 과정이에요. 이를테면 공기가 아닌 다른 기체로도 실험하여 '온도와 기체의 부피 관계'를 얻어낼 수 있어요. 공기뿐만 아니라 다른 몇몇 기체들에서도 '비례 관계'가 이끌어져 나왔다면요. 결국 '일정한 압력에서 일정량의 기체의 부피는 절대 온도에 비례한다.'는 샤를 법칙이 나오게 되는 겁니다.

3장

한자, 과학에 가 닿기

1
한자가 있어야 과학 개념을
소개할 수 있어요

우리말은 한자와 통해요

과학 공부 세 가지 중 '탐구과정·기능'을 맛봤으니 드디어 과학 지식을 소개할 차례네요. 과학 지식 중에서도 가장 기본인 '과학 개념'에 대해 주로 다룰 겁니다. (개념 외에 법칙, 원리 등도 곁다리로 껴줄 거예요.)

과학 개념을 소개하기 위해서는 한자가 꼭 필요하기 때문에, 只今부터 漢字의 世界로 招待합니다! 한자가 보여서 놀랐나요? (이럴 때는 앞뒤 문장을 이용해 유추해봐도 좋아요.) 짧은 한 문장 안에 한자어가 무려 4개나 있는데요. '지금(只今)'이 한자어라는 게 놀랍네요. '지금'처럼 고유어라고 착각할 만한 한자어가 주위에 많습니다. 당장 여러분 가까이에 있는 물건 중에 '교과서', '공책', '연필', '책상', '의자'부터 '학교'에서 만나는 '친구', '교사', '교실'도 모두 한자어예요.

국어 어휘에는 고유어, 한자어, 외래어가 있어요. 그중 한자어가 전체 어휘의 70% 이상을 차지하고 있죠. 물론 이 비율은 사전상의 통계지요. 단순히 70%라는 높은 비율 때문에 한자 공부를 해야 한다고 주장한다면 설득력이 좀 떨어집니다. 한자를 몰라서 한자어의 사용이 어렵다거나 일상생활이 불편하지는 않거든요.

하지만 과학 공부에서 한자가 중요하다고 말하는 이유는 명확해요. 과학 개념과 같은 학술 용어의 대부분이 한자어로 되어 있어서죠. 한자의 뜻을 알면 과학 개념을 이해하는 데에 많은 도움을 받을 수 있어요.

한자마다 모양, 뜻, 음이 있어요

한자와 친해지려면 한자를 좀 뜯어봐야 해요. 한자가 어떻게 이루어져 있는지 알아야 과학 공부에서 한자를 잘 활용할 수 있거든요. 한자는 글자의 모양, 뜻과 음(소리)으로 이루어져 있어요. 이를 '한자의 3요소'라고 해요.

과학을 잘하고 싶다는 여러분의 소망이 달에 닿길 바라며 한자 '달 월(月)'을 준비했어요. 이때 짝다리를 한 사다리처럼 생긴 것이 한자의 모양이구요. '달'이 뜻, '월'이 음(소리)이에요. 글자를 읽을 때는 뜻 먼저, 음을 나중에 읽구요. 뜻과 음 사이를 한 칸 띄워서 '달 월'이라고 표기해요. 뜻과 음을 묶은 '달 월'은 '훈음(訓音)'이라고 합니다.

이제 한자가 만들어지는 '제자(製字, 지을 제, 글자 자) 원리'에 대해 말

엄떵이 쌤의 세 가지 맛 과학 공부법 ·

그림 3-1　한자의 3요소

해보려구요. 제가 제일 좋아하는 고사성어로 '제자원리'를 소개할게요. 이 고사성어를 한자 그대로 해석하면 '쓴 것이 다하면 단 것이 온다.'는 뜻이구요. 보통은 '고생 끝에 낙이 온다.'는 속담과 같은 뜻으로 써요. 엄 떵이 책의 책장이 잘 넘어가지 않을 때, 다 읽은 후 밀려올 성취감과 뿌 듯함을 상상하며 스스로에게 던져줄 수 있는 네 글자입니다. 바로 '고진 감래(苦盡甘來)'지요.

　사물의 모양을 본떠서 만드는 방법을 '상형(象形, 모양 상, 모양 형)'이라 고 합니다. 초승달 모양을 본떠서 만든 한자 '달 월(月)'도 상형자구요. '올 래(來)'는 보리 모양을 본뜬 글자로, 곡식은 하늘이 내려주는 것이라는 옛 사람들의 생각이 담겨 있어요. 보리와 아래로 처진 얇은 잎, 뿌리를 함께 그린 모습이 연상되나요? 이처럼 사물의 모양을 본떠서 만든 상형자는 그 수가 많진 않아요. 모든 대상을 모양으로 만들기 어렵기 때문이죠.

苦	盡	甘	來
쓸 고	다할 진	달 감	올 래

상형이 눈에 보이는 것을 대상으로 했다면, 눈에 보이지 않는 개념을 점이나 선으로 나타내 글자를 만들 수도 있어요. 이 방법을 '지사(指事, 가리킬 지, 일 사)'라고 합니다. '달 감(甘)'은 '입 구(口)'에 획을 하나 그어 입속에 들어간 음식을 표현한 거예요. 음식이 들어 있으니 '달다'라는 뜻을 갖게 되었어요.

상형과 지사와는 달리 이미 만들어진 글자의 뜻이나 음을 조합해서 새로운 한자를 만들 수도 있어요. '회의(會意, 모일 회, 뜻 의)'는 뜻과 뜻을 합쳐서 글자를 만드는 방법인데요. 그래서 각 한자의 음과 합쳐진 한자의 음이 달라요. '다할 진(盡)'은 '붓 율(聿)'과 '그릇 명(皿)'이 합쳐진 것으로, 붓 대신 솔로 해석하여 '솔로 그릇을 씻는다'는 의미를 갖고 있어요. (음이 '율'도 '명'도 아닌 '진'이죠.) 식사가 끝난 후 설거지까지 하니 '다하다'라는 뜻을 갖게 된 거죠.

현재 우리가 사용하는 한자 중 '형성(形聲, 모양 형, 소리 성)' 자가 가장 많아요. 뜻과 음을 합쳐서 만든 것인데요. 그래서 같은 음을 갖는 한자가 그 속에 숨어 있어요. (음이 완전히 같지 않고 비슷할 수도 있습니다.) 형성자가 많으니, 음을 모르는 한자가 있을 때 숨어 있는 한자를 찾아보는 것도 좋은 방법이죠. 한자 '쓸 고(苦)' 안에 '옛 고(古)'가 보이네요. '쓸 고(苦)'는 '풀 초(艹)'와 '옛 고(古)'가 합쳐진 것으로 '풀이 매우 쓰다'는 의

엄띵이 쌤의 세 가지 맛 과학 공부법·

미로 만들어진 형성자예요.

한자의 뜻과 음을 모를 때는 '옥편'이라고 하는 한자 사전을 사용하는 데요. 옥편으로 한자를 찾을 때 길잡이 역할을 하는 글자가 바로 '부수'랍니다. 같은 부수에 속한 한자들은 뜻이 연결되는 경우가 많아요.

'물 수(水)'는 여러분에게도 친숙한 부수일 텐데요. 지구에는 물이 있는 영역인 수권(水圈)이 있어서 이 부수를 자주 만날 수 있지요. '물 수(水)'를 그대로 쓰거나, '물 수(水)'를 왼쪽 부수로 하면 '삼수변(氵)'으로 써요. 바다에 있는 물이니 해수(海水), 그 물이 흐르니 '흐를 류(流)'를 더해 해류(海流)라고 해요. 한편, 즙이라는 뜻에 어울리게 '물 수(水)'가 부수인 한자도 있는데요. 바로 혈액에서 혈구를 제외한 나머지를 뜻하는 혈장(血漿)에 있는 '즙 장(漿)'입니다. (삼수변(氵)을 부수로 하면서 변형된 물 수(氺)도 가진 '폭포 폭(瀑)'도 있어요.) 이렇게 부수를 활용해 공부하다 보면 앞으로 나올 '개념표'도 크게 부담스럽지 않을 거예요.

한자를 알면 과학 개념이 덩어리로 줄줄이 연결되죠

한자의 모양까지 공부할 자신이 없는 친구들은요. 한자 모양을 외우지 않아도 괜찮아요. 외워야 한다는 강박에 갇히면 과학 공부를 포기하게 될지도 모르니까요. 다만, '누를 압(壓)'을 쓰진 못해도 모양을 보고 훈음을 말할 수 있으면 된답니다. 우리가 '바람 풍(風)'을 한자로 못 써도요. 손목을 맞대고 손바닥 사이에서 장풍이 나오는 포즈로 '바람 풍'이라고 말할 수 있잖아요. 딱 그 정도면 충분합니다.

'압'이 들어간 과학 개념을 보고 한자 모양을 떠올리지 못해도 '누를 압'이 생각나면 되지요. 그러면 전압(電壓), 기압(氣壓), 수압(水壓), 혈압(血壓)이 한글로만 주어졌을 때, 누르니까 '압력'과 관련 있다는 것을 알게 되니까요. 여기에 전기, 공기, 물, 피에 해당하는 한자를 더하면 개념 이해는 식은 죽 먹기예요. 또 '피 혈(血)'을 익히고 나면요. 누를 압(壓), 진액 액(液), 대롱 관(管), 공 구(球), 즙 장(漿)과 만나 혈압(血壓), 혈액(血液), 혈관(血管), 혈구(血球), 혈장(血漿)이 되니 모두 피와 관련 있다는 걸 눈치챌 수 있구요. 어때요? 이 정도 한자 공부면 해볼 만하죠?

이렇듯 '누를 압(壓)'이나 '피 혈(血)'처럼 특정 훈음 하나만으로 여러 과학 개념이 한 번에 쏟아지기도 하구요. 따로 익혀둔 훈음이 처음 보는 한자어에서 자연스럽게 연결되기도 할 거예요.

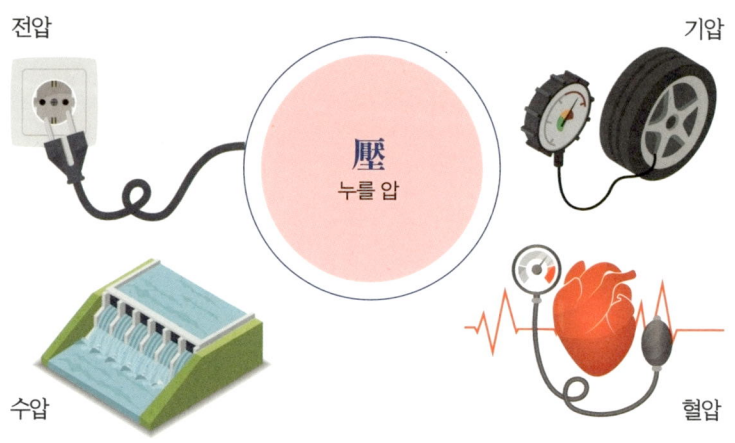

전압   기압

壓
누를 압

수압   혈압

그림 3-2 '누를 압'이 들어간 과학 개념

엄떵이 쌤의 세 가지 맛 과학 공부법 •

지구 내부 구조를 공부할 때 내핵을 배우는데요. '내핵(內核)'은 '안 내 (內)'와 알맹이를 뜻하는 '핵심 핵(核)'으로 이루어진 한자어예요. 중심에 핵이 있다는 것과 '안 내(內)'라는 익숙한 한자 때문에 과학 개념을 쉽게 받아들일 수 있죠. 그러니까 '내핵'만 듣고도 지구 내부 구조 중 제일 안 쪽을 떠올릴 수 있다는 거지요. 이것이 바로 과학 공부에서 기대하는 한 자 공부의 종착지입니다.

한자를 조금 알면 과학 개념을 이해하기가 쉬워지고, 서로 다른 분야 의 과학 개념이 연결되면서 덩어리째 다가오는 느낌을 받을 수 있어요. 익힌 한자 수가 많아지는 만큼 어휘 실력이 향상되는 건 당연한 얘기구 요. 뭐니 뭐니 해도 제가 생각하는 한자의 가장 큰 매력은요. 생각의 깊 이가 깊어진다는 겁니다. (저는 영원히 철들지 않는 '엄띵이'지만요.) 한자가 담고 있는 다양한 의미를 연결할 힘이 생기고 그 속에서 새로운 깨달음도 얻을 수 있거든요. 이제 한자를 이용한 과학 개념에 발 한번 담가보시죠.

2

엄띵이식 11가지 한자부터 익혀봐요

    친구들의 머릿속에 한자를 심어줄 수는 없지만 한자를 엮어내는 방법을 알려줄 순 있어요. 사실 과학 개념 속에 등장하는 한자는 이 책에다 담아내지 못할 만큼 많아요. 그래서 엄띵이만의 분류법으로 만든 한자 11개를 갖고 왔어요. 그러니 "이런 분류법 어때?" 정도로 받아줬으면 합니다.

    과학은 관계의 학문입니다. 멈춰 있는 관측자가 있기 때문에 움직이는 물체의 속력이 의미 있는 것이구요. (관측자가 움직이면 관측자가 바라본 물체의 속도가 달라지는 것은 당연한 거지요. 이를 '상대속도'라고 해요. 하나는 속력인데 하나는 속도네요. 이런 차이에 의문을 가져보세요.) 어떤 물질이 다른 물질과 만나서 화학 반응하기 때문에 색이나 열, 빛 등의 여러 가지 변화를 관찰할 수 있지요. 다세포 생물을 이루는 세포 하나가 구조·기능적으로 완벽해도 혼자서 살아갈 수 없는 것처럼요. (사실 단세포

표 3-1　엄띵이가 알려주는 11가지 한자

음(한자 모양, 훈음)	과학 개념
계(系, 묶을 계)	·지구계 ·기관계(소화계, 순환계, 호흡계, 배설계)
권(圈, 구역 권)	·지권, 수권, 기권, 생물권, 외권 ·대류권, 성층권, 중간권, 열권
층(層, 층 층)	·혼합층, 수온약층, 심해층
면(面, 표면 면)	·모호면, 구텐베르크 불연속면, 레만 불연속면 ·대류권 계면, 성층권 계면, 중간권 계면 ·전선면, 기준면
판(板, 널빤지 판)	·대륙판, 해양판
대(帶, 띠 대)	·화산대, 지진대
내(內, 안 내) 외(外, 바깥 외)	·내핵, 외핵 ·내행성, 외행성 ·내분비샘, 외분비샘
장(場, 마당 장)	·전기장, 자기장, 중력장
선(線, 선 선)	·전기력선, 자기력선 ·전선(한랭전선, 온난전선, 폐색전선, 정체전선) ·등압선, 기준선, 법선
각(角, 각도 각)	·중심각 ·입사각, 반사각, 굴절각
점(點, 점 점)	·녹는점, 어는점, 끓는점 ·이슬점, 기준점

- 하나의 한자에 있는 여러 훈음 중 과학 개념을 이해하는 데 필요한 훈음을 적어둡니다. (한자능력 검정시험에서 제시되는 대표 훈음이 아닐 수 있으니 주의해요.)
- 내, 외는 세트로 묶어두었어요.

생물도 환경의 도움 없이 혼자서는 살 수가 없죠.) 지구상에 있는 모든 생물과 무생물도 서로 관계를 맺으며 살아가고 있어요. 그러니 과학 개념과 연결된 11가지 한자가 어떻게 이어지는지, 또 같은 한자 안에 있는 과학 개념 사이의 관계도 찾아보면 좋겠어요. 표로 먼저 만난 후 한자와 과학 개념을 연결해봐요.

계(系) : 묶을 계

주말에 가족들과 대청소를 한다고 가정해봐요. 집에 마당이 있다면 각 방과 함께 거실, 부엌, 화장실 그리고 마당까지 어떻게 청소할지 꼼꼼하게 계획을 세울 거예요. 이때 각 방을 포함한 집 내부와 마당까지가 청소할 구역이 되지요. 바로 청소해야 할 의미 있는 공간이지요. 과학에서 이것을 '계(系, system)'라고 합니다.

계(系, system)란, 서로 연관된 부분이 합쳐져 만들어진 하나의 거대한 영역이에요. 대표적인 예가 바로 '지구계(地球系)'인데요. 이를 '지구시스템'이라고도 해요. 이 거대한 지구계는 각 부분들이 서로 밀접하게 연관되어 물질과 에너지가 순환하며 서로 영향을 줘요. 이것을 '상호작용'이라고 합니다. (시스템은 그것을 이루는 요소뿐만 아니라 상호작용으로 인한 조화와 균형까지 포함하는 단어예요.)

계(系)라는 한자가 많이 쓰이는 곳이 바로 우리 몸입니다. 사람의 몸은 여러 기관계(器官系)로 이루어져 있어요. 양분을 소화하고 흡수하는 소화계(消化系), 여러 가지 물질을 온몸으로 운반하는 순환계(循環系), 기체를 교환하는 호흡계(呼吸系), 혈액에서 노폐물을 걸러 밖으로 내보내는 배

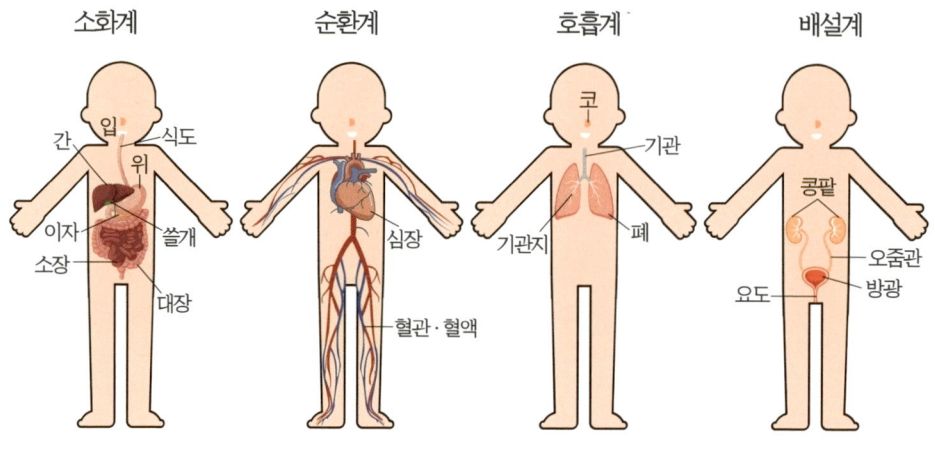

소화계   순환계   호흡계   배설계

간 입 식도
위
이자 쓸개
소장
대장

심장
혈관·혈액

코
기관
폐
기관지

콩팥
오줌관
요도 방광

그림 3-3   소화계, 순환계, 호흡계, 배설계

설계(排泄系) 등으로 되어 있죠. 각 기관계를 이루는 기관들은 소화, 순환, 호흡, 배설이라는 통합된 기능을 수행하고 유기적으로 연결되어 있어요.

권(圈) : 구역 권

대청소할 구역을 방, 거실, 부엌, 화장실, 마당으로 나눈 것처럼, 거대한 지구계(地球系)를 다시 여러 구역으로 나눌 때 쓰는 한자가 있어요. 바로 권역을 뜻하는 한자, '구역 권(圈)'이에요. 구역을 나누기 위해 '큰 입구몸(口)'으로 에워싼 느낌이에요.

여러 권역으로 나눠진 지구계(地球系)를 볼게요. 우리가 발 디디고 있는 땅부터 지구 중심까지를 **지권**(地圈), 물이 있는 영역인 **수권**(水圈), 공기가 있는 영역인 **기권**(氣圈), 우리처럼 살아 있는 생물을 의미하는 **생물권**(生物圈), 기권을 벗어난 바깥 영역인 **외권**(外圈)까지… 이들은 지구계

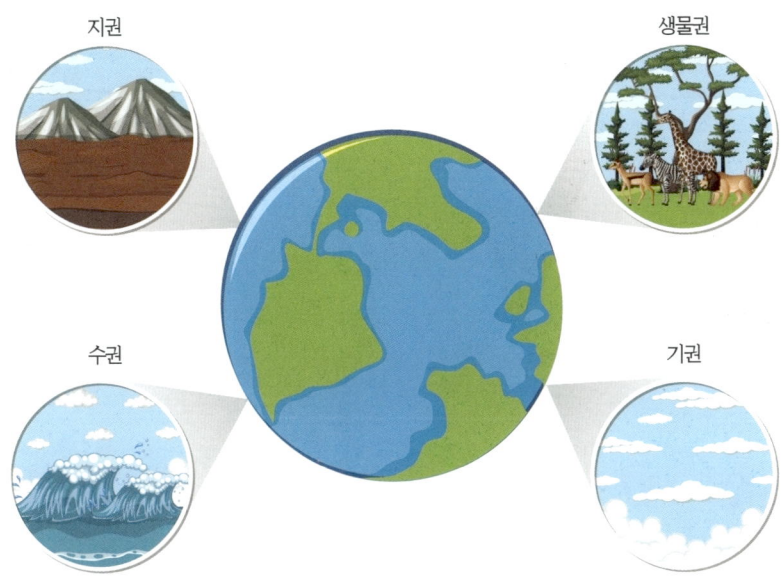

지권

생물권

수권

기권

그림 3-4 지구계의 구성요소

를 이루는 요소이자, 서로 끊임없이 상호작용하는 친구들이에요.

층(層) : 층 층

대청소를 하려고 부엌에 들어가니 싱크대가 보이네요. 중간에 있는 개수대를 기준으로 아래 바닥까지 닿아 있는 서랍장도 있구요. 고개를 들면 손을 뻗어야 열 수 있는 서랍장이 천장까지 이어져 있어요. 각 서랍장은 1층, 2층처럼 겹겹이 쌓인 모양이구요.

지구계를 여러 요소로 나눈 것처럼 일부 권역은 층으로 다시 나눌 수 있어요. 그래서 지권(地圈)과 수권(水圈), 기권(氣圈)처럼 층으로 나눠진 것을 '층상구조'로 되어 있다고 말하는데요. 여기서 층상구조는 '층 층

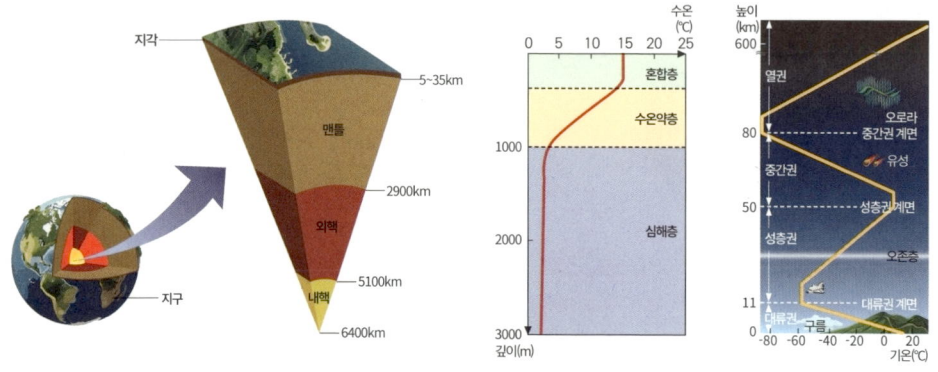

그림 3-5　지권, 수권, 기권의 층상구조

(層)', '모양 상(狀)'이라는 한자 그대로 '층 모양으로 된 구조'라는 뜻이구
요. 이때 각 권역마다 층을 나누는 기준이 있어요.

　지권은 한자 그대로 땅껍질인 지각(地殼)부터 내부로 들어가며 맨틀,
외핵, 내핵으로 나눠요. 이는 각 층을 이루는 구성 물질과 상태에 따라
나눈 것인데요. 지진파가 통과하는 물질(이것을 매질이라고 해요.)에 따라
반사, 굴절되거나 속도가 달라짐을 이용한 것이지요.

　수권과 기권은 둘 다 온도 변화에 따라 나눠요. 수권의 경우 위도에
따라 온도분포가 다르긴 하지만, 대체로 깊이 들어갈수록 온도가 내려
가요. 물론 우리가 직접 그 온도 차이를 느끼기는 어려워요. 장비 없이
들어갈 수 있는 최대 깊이가 고작 20~30m밖에 되지 않기 때문이에요.
다이빙 장비를 갖춘다고 해도 최대 300m 정도만 잠수할 수 있을 뿐이거
든요.

　수권은 물의 온도인 수온(水溫) 변화로 층상구조가 나눠집니다. 그래

엄띵이 쌤의 세 가지 맛 과학 공부법 •

서 '깊이에 따른 수온 변화' 그래프가 나와요. 수면(水面, 물의 표면)으로부터 가장 가까운 혼합층(混合層), 안정된 수온약층(水溫躍層), 깊은 바다인 심해층(深海層)으로 나누죠.

마찬가지로 기권은 대기의 온도인 기온(氣溫)을 기준으로 하늘 위로 올라가는 것이기에, '높이에 따른 기온 변화'로 나누는 거예요. 수권과 기권 둘 다 온도 변화에 따라 나누지만, '깊이에 따른 수온 변화'와 '높이에 따른 기온 변화'로 사용하는 단어가 달라요. (다른 단어를 사용한다는 것은 뜻이 더 명확해진다는 거예요.) 이 작은 차이를 찾을 수 있다면 과학을 이해하기 쉬워질 거예요.

한편, 기권은 층으로 나누지 않고 구역의 의미인 '권(圈)'을 그대로 사용해요. 기상 현상이 일어나는 대류권(對流圈), 오존층이 있고 비행기의 항로가 되는 성층권(成層圈), 유성이 나타나는 중간권(中間圈), 고위도 지역에서 오로라가 나타나는 열권(熱圈)으로요. 기권은 지그재그 모양으로 기온이 변하죠. 지면으로부터 올라가며 앞글자만 따서 '**대성**하려면(크게 성공하려면) **중**학교 때부터 **열**심히'라는 생각으로 공부해보세요. (앞글자만 따는 것은 개념을 외우기 위한 방법 중 아주 고급기술(!)에 속합니다. '열심히' 뒤에 '과학을' 슬쩍 붙여봅니다.)

면(面) : 표면 면

층(層)을 공부했으니 다음은 뭘까요? 층과 층 사이의 경계겠지요. 그래서 이제 면(面)이 나옵니다. (면(面, 행정구역단위 면 면)에서 태어난 면(麵, 밀가루 면)순이인 저는 국수가 생각나네요.) 지권부터 살펴보면요. 지각과 맨틀, 두 층 사이의 경계를 **모호면**(모호로비치치 불연속면)이라고 해요. 또 맨틀과 외핵 사이를 **구텐베르크 불연속면**, 외핵과 내핵 사이를 **레만 불연속면**이라고 해요. 불연속면의 이름은 모두 이를 발견한 과학자 이름을 따서 만들었어요.

기권에도 경계가 있으니 한자 '표면 면(面)'이 등장해요. 대류권과 성층권 사이의 경계면은 **대류권 계면**(對流圈 界面), 성층권과 중간권 사이의 경계면은 **성층권 계면**(成層圈 界面), 중간권과 열권 사이의 경계면은 **중간권 계면**(中間圈 界面)이라고 해요. 아래 권역의 이름에 경계의 의미를 더하기 위해 '경계 계(界)'를 붙여 '계면(界面)'이라고 하죠.

한편, 하나의 권역 내에서가 아닌 지권과 기권 사이에 만들어지는 경계면도 있어요. 성질이 다른 기단(氣團, 공기 덩어리)이 만나면 잘 섞이지 않아요. 이때 성질이 다르다는 것은 기온이나 습도가 다름을 의미하는데요. 나와 성격이 다른 친구에게 말 걸기가 어려운 것처럼, 성질이 다른 두 기단은 서로 섞이지 않고 힘겨루기를 하죠. 잘 섞이지 않기 때문에 두

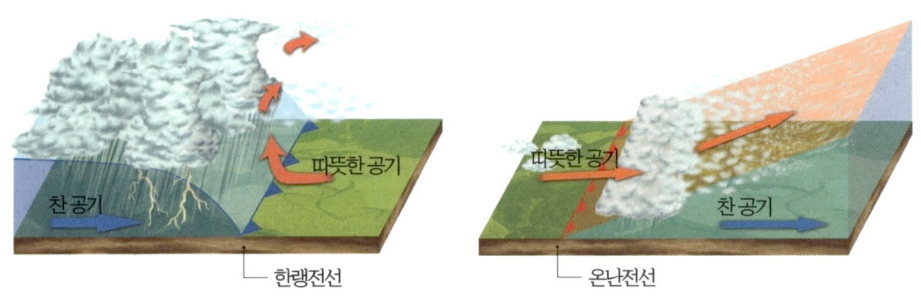

그림 3-6　한랭전선과 온난전선

엄떵이 쌤의 세 가지 맛 과학 공부법 ·

기단의 경계에 '전선면(前線面)'이 만들어져요.

면(面)은 특정 과학 개념을 정의하기 위한 '기준'이 되기도 한답니다. 중력에 의한 위치 에너지는 물체의 높이가 올라갈수록 커지는데요. (높은 건물에서 작은 돌멩이 하나도 밖으로 던지면 안 되는 거 알죠? 과학실에서도 안전, 일상생활 속에서도 안전이 최고 중요해요.) 이때 어디서부터 잰 '높이'인지 애매하기 때문에 기준이 필요한 거예요. 중력에 의한 위치 에너지에서 높이의 기준이 되는 면을 '기준면(基準面)'이라고 합니다. (중력에 의한 위치 에너지는 줄여서 '위치 에너지'라고 할게요.)

그림 3-7 물체의 위치 에너지는 '0'일 수도 있고 '0'이 아닐 수도 있어요. 책상 면이 기준면이라면 위치 에너지는 없지만, 바닥이 기준면이라면 위치 에너지가 있는 거죠. 물체를 기준면인 바닥에서 책상 면만큼 들어올릴 때 한 일이 물체의 위치 에너지로 전환되거든요. 그래서 위치 에너지 공식 안의 높이(h)는 '기준면에서의 높이'가 됩니다.

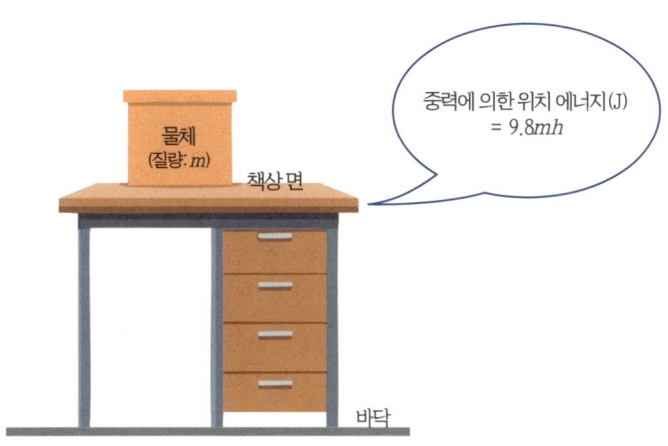

그림 3-7 기준면에 따라 달라지는 물체의 위치 에너지

땅의 움직임과 관련된 개념인 '판(板)'을 소개합니다. 판(板)은 지각과 상부 맨틀의 일부를 포함한 것으로 주로 단단한 암석으로 되어 있어요. 그래서 암석권(岩石圈)이라고도 하죠. 이 암석권 중 대륙지각을 포함하면 **대륙판**(大陸板), 해양지각을 포함하면 **해양판**(海洋板)이라고 해요. 지구의 겉 부분에 해당하는 크고 작은 10여 개 이상의 판이 1년에 몇 cm 정도로 움직이고 있어요. (그야말로 살아 있는 지구지요?)

대륙지각과 해양지각은 구성하는 암석의 종류가 달라서 밀도도 달라요. 또한 평균 두께도 차이가 나는데요. 대륙지각의 평균 두께는 약 35km, 해양지각의 평균 두께는 약 5km 정도입니다. 맨틀은 지각 아래부터 깊이 약 2,900km까지에 해당하는데, 판의 평균 두께가 약 100km 정도이기에 지각과 맨틀의 아주 윗부분인 상부 맨틀의 일부만 더한 것이 판이 되는 거죠.

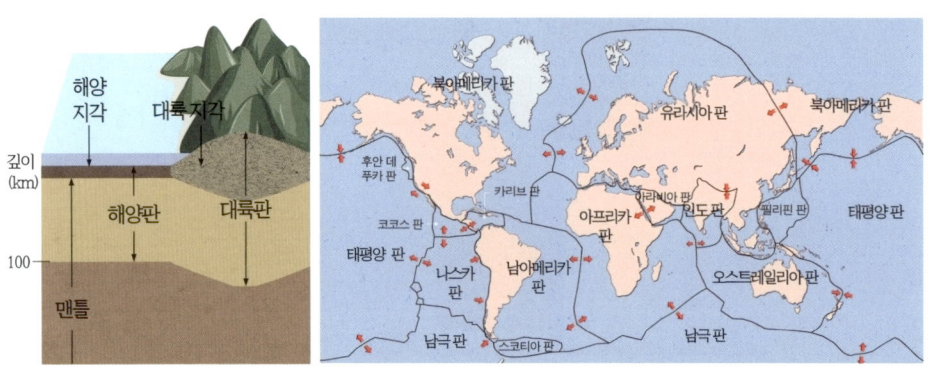

그림 3-8 **판의 구조와 분포**

　　　　　　엄떵이 쌤의 세 가지 맛 과학 공부법 ·

이제 띠로 된 대(帶)가 남았어요. 바로 **화산대**(火山帶)와 **지진대**(地震帶) 인데요. '대(帶)'는 화산 활동과 지진이 자주 발생하는 지역을 표시한 것 으로, 띠 모양을 하고 있어 붙여진 이름이에요. 그런데 이들 화산대와 지 진대가 판의 경계와 거의 일치한 게 보이죠? 판의 상대적인 운동으로 인 해 판의 경계에서 화산 활동이나 지진이 일어나기 때문입니다.

'불 화(火)'를 보니 '불의 고리(Ring of Fire)'가 떠오르는데요. '불'은 화 산을, '고리'는 둥근 띠 모양을 말하는 것으로, 화산 활동과 지진이 빈번 하게 일어나는 태평양 주변을 둘러싼 '환태평양 화산대'와 '환태평양 지 진대'를 일컫는 별명이기도 해요. (한자 '고리 환(環)'에서 모양이 연상되나 요?)

우리가 자연의 힘을 거스르기는 어려워요. 다만, 자연재해로부터 소

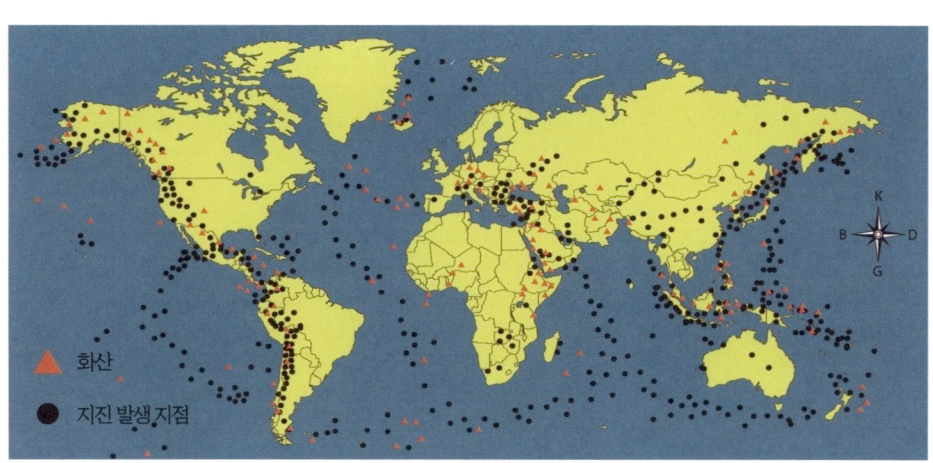

▲ 화산

● 지진 발생지점

그림 3-9 화산대와 지진대

중한 생명과 재산을 지키기 위해 대비할 뿐이죠. 우리나라도 이제 더이상 지진 안전지대가 아니기에, 안전 규정의 중요성을 인지하여 내진 설계의 기준을 강화하고 적용 범위를 확대해야 합니다.

내(內) : 안 내, 외(外) : 바깥 외

유일하게 세트로 묶어둔 한자인데요. 공간을 안과 밖으로 나눌 때 주로 씁니다. 하나의 세포는 세포막을 기준으로 안과 밖이 나뉘구요. 또 지구 내부 구조 중 핵은 레만 불연속면을 기준으로 안쪽을 내핵(內核), 바깥쪽을 외핵(外核)으로 구분합니다.

행성을 분류할 때도 써요. 우리가 사는 지구가 기준이 되어, 태양 쪽에 있는 내행성(內行星, 수성, 금성)과 반대쪽에 있는 외행성(外行星, 화성, 목성, 토성, 천왕성, 해왕성)으로 나누죠.

우리 몸에서도 안과 밖을 구분하는 경우가 있는데요. 어떤 물질을 어디에 분비하느냐에 따라 '내분비샘'과 '외분비샘'으로 나눠요. 내 몸 안에 분비한다는 의미에서 이름 붙여진 내분비샘에서는 호르몬이 나와요. 호르몬은 혈관으로 분비된 후 혈액을 따라 이동하구요. 내분비샘에는 뇌하수체, 갑상샘, 이자, 정소와 난소 등이 있어요. 외분비샘에서 분비된 물질은 분비관을 통해 몸 밖이나 소화관으로 배출되는데요. 침샘이나 눈물샘, 소화액을 분비하는 소화샘 등이 외분비샘에 속해요.

'소화관은 분명 내 몸 안에 있는데… 왜죠?'라는 의문이 든다면 잘 따라오고 있는 겁니다. 소화관은 입에서 시작해서 항문으로 끝나는 하나의 통로로, 내 몸속에 있지만 내 것이 아니기 때문이에요. 그러니 진짜

엄떵이 쌤의 세 가지 맛 과학 공부법 ·

내 것과 내 것이 아닌 것을 구별할 수 있어야 해요. (소화된 영양소가 소장의 융털을 통해 흡수되어야만 비로소 내 것이 됩니다.)

자! 지구계(系)부터 권(圈), 층(層), 면(面), 판(板), 대(帶), 내외(內外)에 이르기까지 한자와 해당 과학 개념을 공부했어요. 이제는 분위기 있는 공간인 '장(場, field)'으로 이동합니다.

장(場) : 마당 장

어렸을 적 동네 뒷길에서 많이 놀았어요. 술래가 되어도 즐거웠던 숨바꼭질, 한 친구 등에 몰아 타기 작전을 폈던 말타기, 또 머리보다 더 높은 고무줄도 다리찢기 신공으로 뛰어넘었던 고무줄 놀이… 생각해보니 추억의 놀이가 정말 많네요. (우리 친구들 많이 못 해본 놀이죠?)

바닥에 넘어지고 쓰러져도 깔깔대고 웃으며 놀았어요. 그곳은 "밥 먹으러 와라."라는 엄마 목소리를 들을 수 있는 곳이었죠. 그래서 안전했지만, 가끔은 엄마 목소리가 안 들리는 곳을 찾아 자유롭게 놀고 싶기도 했답니다. (노는 것에 빠져 집에 가지 않을 때는 등짝 스매싱을 맞을 수도 있어요.) 그렇게 엄마의 영향이 미치는 그 공간을 놀이장(場)이라고 해보자구요.

엄마의 영향이 미치는 공간처럼, 과학에도 힘이 미치는 공간 개념이 있어요. 바로 **전기장**(電氣場)과 **자기장**(磁氣場)인데요. 전기장은 전기력이, 자기장은 자기력이 미치는 공간입니다.

전기장은 전하① 주위에 만들어집니다. 이때 또 다른 전하②가 있어야 처음 놓여 있던 전하① 주위에 생긴 전기장의 영향을 알 수 있어요. (전하①에 의해 만들어진 전기장 내에서 전하②가 받는 힘을 '전기력'이라고 해요. 물론 전하①도 동일한 크기의 힘을 받습니다.) 엄마(전하①)가 서 계시는 그 아우라의 영역(전기장) 안에 제(전하②)가 놀고 있어야만 영향을 받을 수 있는 것처럼요.

자기장도 마찬가지예요. 자석 주위에 자기장이 만들어지고, 또 다른 자석이나 금속이 있어야만 그 자기장을 확인할 수 있죠. 보통은 나침반을 놓거나 철가루를 뿌려봐요. 이때 자석과 나침반, 자석과 철가루 사이에 작용하는 힘이 바로 '자기력'입니다.

자석이 없어도 전류가 흐르는 도선 주위에 자기장이 생겨요. 당연히 원인이 되는 도선의 모양에 따라 만들어지는 자기장의 모양도 다르겠지요. 그래서 도선의 모양이 직선이냐, 원형이냐 아니면 도선이 많이 감긴 솔레노이드냐에 따라 나눠서 공부하는 거예요.

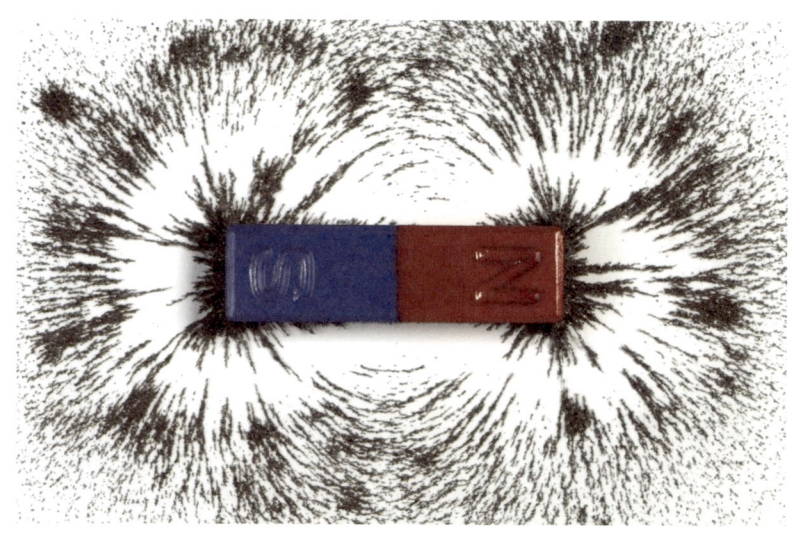

그림 3-10 막대 자석 주위 자기장

엄멍이 쌤의 세 가지 맛 과학 공부법 ·

이제 **중력장**(重力場)이 무엇인지 맞혀볼까요? 앞에서 전기력과 전기장, 자기력과 자기장이 세트로 나왔으니 중력과 중력장이 자연스럽게 연결될 거예요. 지구에 의한 중력이 미치는 공간, 그것이 중력장이지요. 물론 이때도 지구의 중력장 범위 내에 또 다른 물체가 있어야 중력장의 존재를 알 수 있어요. 앗! 이미 거대한 지구 표면 가까이에서 포물선 운동을 하는, 당구대 위의 흰색 포켓볼에 대해 말했군요.

선(線) : 선 선

전기장과 자기장의 이해를 돕기 위해 등장한 것이 **전기력선**(電氣力線)과 **자기력선**(磁氣力線)이에요. 이 가상의 '역선(力線)'은 과학자 '마이클 패러데이'가 제안한 것으로, 전기장과 자기장을 시각적으로 표현해 개념을 이해하는 데 큰 도움을 줘요.

전기력선을 그리는 방법은 단위양전하인 +1C(쿨롬)의 전하가 이동해가는 경로를 가상으로 표시하면 되죠. 그림 3-11 왼쪽의 중심에 있는 (+)전하 주위에 단위양전하를 놓으면 척력이 작용하겠지요. 그러면 중심에 있는 (+)전하와 멀어지기 때문에 밖으로 나가는 모양의 짧은 선이 그려질 거예요. 같은 방법으로 (+)전하 주위의 여러 위치에 단위양전하를 놓은 후 이때 얻어진 짧은 선들을 이어주는 겁니다. 그러면 왼쪽 그림과 같은 전기력선이 그려져요.

그림 3-11 오른쪽의 중심에 있는 (-)전하 주위에 단위양전하를 놓으면 인력이 작용해요. (-)전하가 있는 방향으로 들어가는 모양의 짧은 선이 그려지고, 여러 위치에서 얻은 선을 이어주면 그림과 같은 전기력선

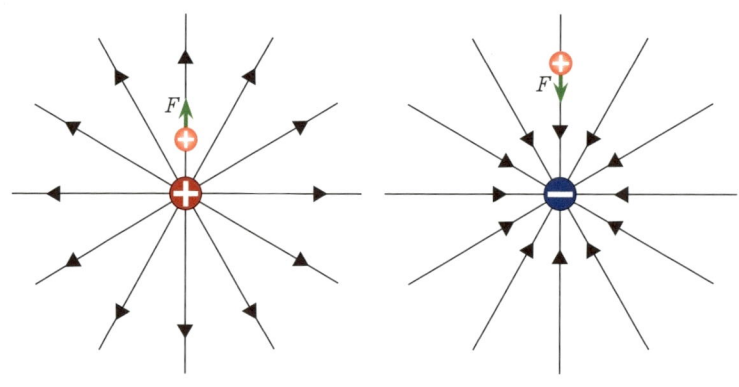

그림 3-11　점전하 주위의 전기력선

이 그려지는 거예요. 이해되나요?

만약 위 그림의 중심에 있는 (+)전하와 (−)전하가 가까이 있으면, 막대 자석 주위에 생기는 자기력선과 닮은 모양의 전기력선이 그려져요. 결국 전기력선은 (+)전하에서 나가서 (−)전하로 들어가는 모양이 됩니다.

자기력선도 마찬가지예요. 나침반의 N극이 가리키는 방향으로 늘어선 가상의 선이죠. 전기장과 자기장을 공부할 때 전기력선과 자기력선을 직접 그려보는 것만큼 좋은 게 없어요. 그러니 차근차근 한번 그려보세요.

눈에 보이지 않는 또 다른 '선(線)'을 소개하죠. 앞서 경계면에서 나온 전선면(前線面)이 기억나나요? 성질이 다른 두 기단이 만나면 경계에 전선면이 생긴다고 했었죠. 이 전선면이 지면과 만나면 어떻게 될까요? 지금 읽고 있는 책의 표지(전선면)와 책상면(지면)이 겹치지 않고 특정 각도로 만나는 것처럼, 전선면과 지면이 선으로 만나게 되죠. 이 경계선을

　　　　　　엄떵이 쌤의 세 가지 맛 과학 공부법·

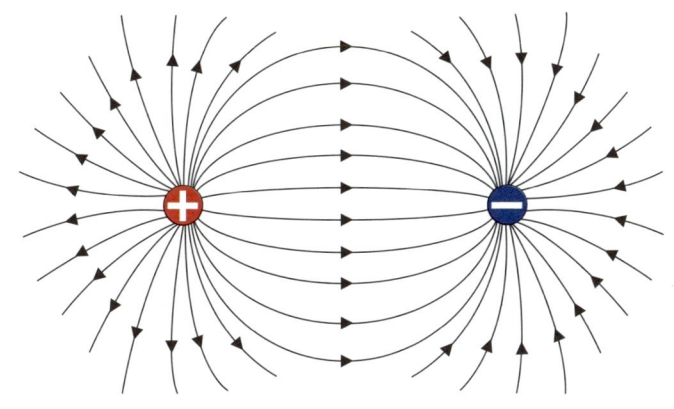

그림 3-12　반대 전하를 가진 두 전하 주위의 전기력선

전선(前線)이라고 합니다.

　전선의 종류에는 네 가지가 있는데요. 어떤 공기가 이동하느냐에 따라 **한랭전선**(寒冷前線)과 **온난전선**(溫暖前線)으로 나눠요. 찬 공기가 따뜻한 공기 쪽으로 이동하면서 만들어지면 한랭전선, 따뜻한 공기가 찬 공기 쪽으로 이동하면서 만드는 것이 온난전선이에요. 밀도가 큰 찬 공기가 가라앉으면서 따뜻한 공기를 밀어올리기 때문에 한랭전선의 전선면의 기울기는 급하구요. 반대로 온난전선은 밀도가 작은 따뜻한 공기가 찬 공기 위로 자연스럽게 올라가면서 완만한 기울기를 만드는 거죠.

　한랭전선과 온난전선이 같은 방향으로 이동하다가 겹치면서 생기는 **폐색전선**(閉塞前線)이 있구요. 세력이 비슷한 두 기단이 서로 으르릉대며 접근해 한곳에 오래 머물면 **정체전선**(停滯前線)이 만들어지기도 해요. 우리나라에서 장마의 원인이 되는 전선이죠. 주로 고온다습한 북태평양 기단과 한랭다습한 오호츠크해 기단이 만나서 만들어져요. (고온다습은 기온과 습도가 높다는 뜻이고, 한랭다습은 기온이 낮고 습도가 높다는 뜻이에요.)

전선을 배웠으니 이제 일기도로 넘어가야겠어요. 일기도(日氣圖)는 지도에 기온, 기압, 풍향, 풍속, 등압선 등의 기상 요소를 일기 기호로 나타낸 것을 말해요. 이 중 **등압선**(等壓線)은 한자 그대로 기압이 같은 지점을 연결한 선인데요. 사회 시간에 배운 높이가 같은 지점을 연결한 등고선(等高線)과 비슷해요.

위치 에너지에서 높이의 기준이 되는 '기준면(基準面)'이 있었죠. 비슷한 개념으로 '기준선(基準線)'이 있어요. 지구과학에서 반지름이 매우 큰 가상의 천구(天球)를 배우는데요. 거리가 다른 별들이 천구의 표면에 붙어 있는 것처럼 보여요.

이 천구상에 있는 기준선에 **수직권, 지평선, 시간권, 천구의 적도, 자오선**이 있어요. (관측자인 나를 중심으로 한 기준선이 있고, 지구를 기준으로 한 기준선이 있어요. 그래서 천체의 위치를 나타내는 좌표계가 두 개 있어요.) 이들 모두 천구상에 존재하는 큰 원입니다. (그림 3-13에 보이는 다섯 개의 원이죠.) 이 기준선들은 천체의 위치와 운동을 공부하기 위해 꼭 알아야 할 개념입니다.

마지막으로 기준선이지만 '기준'이라는 단어가 들어가지 않는 선(線)이 있었죠. 바로, 반사의 법칙에서 나왔던 **법선**(法線)인데요. 당구대의 레일과 수직인 가상의 선이 있는 것처럼, 거울을 볼 때 거울면과 수직 방향으로 법선이 있다고 생각하세요. 이 선은 빛의 진행경로에서 입사각과 반사각, 굴절각의 크기를 재기 위한 기준이 됩니다.

엄떵이 쌤의 세 가지 맛 과학 공부법 ·

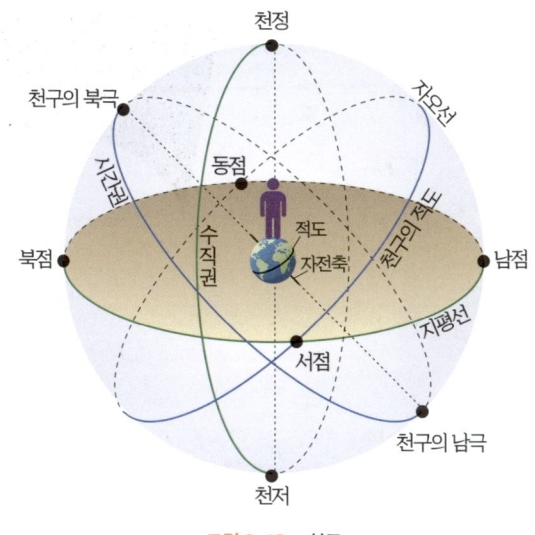

그림 3-13   천구

각(角): 각도 각

이제 각(角)으로 각 좀 세워볼게요. 각은 한 점에서 나간 두 직선의 벌어진 정도를 말해요. (이럴 때 어떻게 하라구요? 그림을 직접 그려도 좋구요. 머릿속으로 점을 하나 찍고 점에서 나온 두 직선을 상상해보세요.) 각은 각도기로 측정하고 °(도)를 단위로 표기합니다. °(도)보다 더 작은 단위인 ′(분)과 ″(초)도 있어요. (1°는 60′이고, 1′는 60″입니다.) 연주시차로 별까지의 거리를 구할 때 이런 단위를 만나게 될 거예요.

과학에서는 수학과는 달리 점의 위치와 두 직선이 명확하게 제시되지 않아요. 그래서 점의 위치에 지구의 중심이나 별을 놓기도 하고, 직선 중 하나가 지구로 들어오는 햇빛이거나 지구와 별을 잇는 직선임을 알

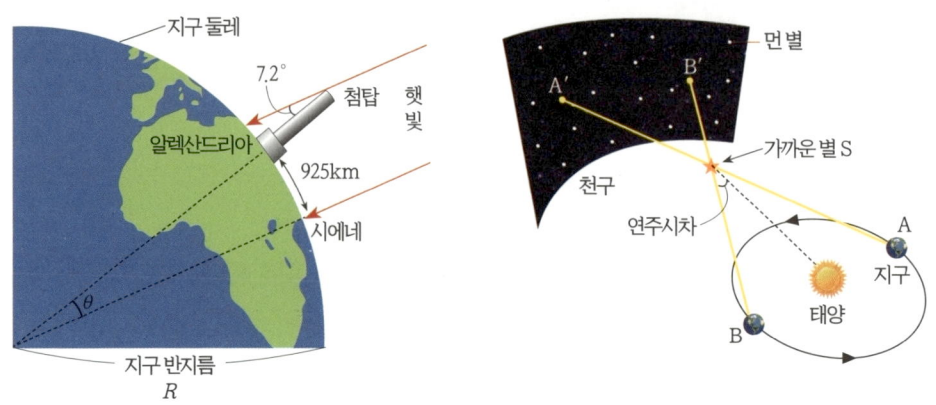

그림 3-14 지구의 크기 측정 원리, 별의 연주시차

아채야 하죠. 척하면 척! 해야 한다니까요.

　중심각(中心角)은 지구의 크기를 구할 때 나와요. 중심각은 원에서 주어진 호에 대응하는 각을 말하는데요. ('호에 대응'에 밑줄 쫙입니다. 대응은 호와 각이 짝이 됨을 의미해요.) 고대 그리스의 과학자인 에라토스테네스가 하짓날 정오에 시에네에서 알렉산드리아까지의 거리를 측정했어요. 또 두 도시 사이의 거리에 대응하는 각(중심각)을 이용해서 지구 둘레를 구했어요.

　에라토스테네스의 지구의 크기 측정 원리가 나왔으니 비례식을 지나칠 수 없네요. 과학에서 필요한 수학 원리가 비례식밖에 없을 정도거든요. (전기 회로에서 전압과 전류의 비례배분도 모두 비례식으로 해결됩니다.) 중심각 θ(세타, 그리스 알파벳 문자로 임의의 각도)에 대응하는 길이는 925km, 한 바퀴 돌려 각 360°에 대응하는 길이는 지구 둘레($(2\pi R)$km)가 되죠. 중심각 θ는 알렉산드리아에서 첨탑과 그림자 끝이 이루는 각도

　　　　　　　　　엄떵이 쌤의 세 가지 맛 과학 공부법 •

(7.2°)와 엇각 관계로 크기가 같구요. 이를 순서대로 이어주면 아래 ①번처럼 비례식이 만들어져요. 각도와 길이를 같은 비율의 비로 연결해서 ②번처럼 해도 되구요.

$$7.2° : 925\text{km} = 360° : (\ 2\pi R\ )\text{km} \quad\text{————} \quad ①$$
$$7.2° : 360° = 925\text{km} : (\ 2\pi R\ )\text{km} \quad\text{————} \quad ②$$

한편, '각도 각(角)'이 들어가지 않지만 각도를 의미하는 과학 개념이 있어요. 비교적 가까이 있는 별까지의 거리를 구할 때 이용하는 **연주시차**(年周視差)입니다. 시차는 어떤 물체를 서로 다른 지점에서 바라봤을 때 생기는 각도의 차이예요. 6개월 간격으로 지구에서 별을 관측하여 측정한 시차의 절반이 그 별의 '연주시차'가 되구요. 지구가 태양 주위를 공전하지 않으면 생길 수 없기 때문에 지구 공전의 강력한 증거가 된답니다.

입사각(入射角), **반사각**(反射角), **굴절각**(屈折角)은 법선이라는 기준선으로부터 벌어진 각도를 의미해요. 법선만 잘 찾아낸다면 각도를 구할 수 있겠네요.

점(點): 점 점

점은 한자로 '점 점(點)'이고 영어로는 'point'예요. 그래서 구간이 아닌 하나의 점처럼 특정한 값을 가리킵니다. 녹는점, 어는점, 끓는점에서 공통적으로 들어간 글자 '점'이 보이죠? 모두 특정한 온도값을 가리키는데요. 녹는 온도, 어는 온도, 끓는 온도보다 더 경제적이네요. 기억하세요!

녹는점, 어는점, 끓는점에 있는 '점'이 '온도'라는 것을요. (고등학교에서는 한자 '점(點)'이 온도와 압력 둘 다를 가리키기도 해요. 임계점과 3중점을 미리 들어만 놓자구요.)

　지구과학에서 나오는 이슬점도 짚고 넘어갈게요. '이슬점'이란 공기가 포화 상태에 도달하여 응결(공기 중의 수증기가 물로 변하는 현상)되기 시작하는 온도를 말하는데요. 그래프 3-1에서 A점은 25℃ 공기 1kg 속에 10.6g의 수증기를 포함하고 있어요. 그래서 포화 수증기량인 20.0g에 못 미치기 때문에 불포화 상태입니다. 하지만 온도가 15℃로 내려가면 상대 습도가 100%가 되어 응결되기 시작해요. 그래서 응결되기 시작하는 온도 15℃가 A 공기의 이슬점이 되는 거예요. 기온이 떨어진 새벽에 돌이나 잎의 표면에 이슬이 맺히는 원리이기도 하죠.

　이제 천구에서 기준점을 찾아볼게요. 나를 중심으로 한 기준선 내에

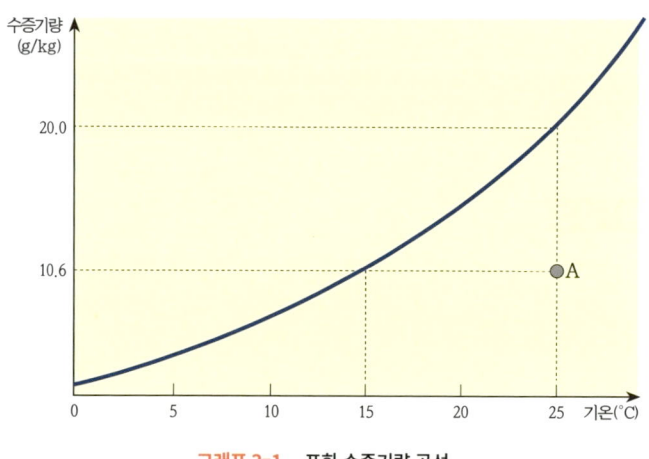

그래프 3-1　포화 수증기량 곡선

엄떵이 쌤의 세 가지 맛 과학 공부법 ·

방위를 알려주는 동서남북 4개의 점과 천정, 천저가 보이네요. 또 지구를 기준으로 한 기준선 내에는 천구의 북극과 천구의 남극이 있답니다. 천구 그림 3-13에서 점으로 콕 찍혀 있는 기준점이 보이나요?

3

우주를 먼저 볼게요

우주를 품은 거대한 시선으로

지금까지 한자 계(系)에서 시작해 내외(內外)로, 공간 개념인 장(場)에서 선(線), 각(角), 점(點)으로 시선을 옮겨봤어요. 이제 과학 개념을 물화생지로 나눠서 한자와 함께 실어보려고 합니다. 우주를 품을 만큼 거대한 사람이 되어 줌아웃(zoom out)한 채 태양계를 보다가 지구로 줌인(zoom in)하는 겁니다. 지구에 머문 시선은 지구에 살고 있는 생명으로, 다음은 무생물인 물체로 이동시켜볼 거예요. 마지막으로 물체를 이루는 물질을 보는 거지요. 우주와 생명, 물체와 물질의 순서로 살펴볼 거예요.

앞으로 소개할 과학 개념은 과학 지식의 정수이자 서술형 답안에서 반드시 써야 할 '핵심어'예요. 맞춤법에 맞게 단어를 통째로 외워야 한다는 점, 꼭 기억하세요. 또 한자어뿐만 아니라 고유어나 외래어도 함께 실어두니 덩어리로 받아들여 보세요.

우선, 우주부터 볼게요. '우주(宇宙)'라고 하면 수많은 별이 떠 있는 하늘만 생각하기 쉬운데요. 우주는 빅뱅으로 시간과 공간이 함께 생겨났어요. 약 138억 년 전 초고밀도의 불덩어리였던 한 점의 우주가 점점 팽창하면서 기본 입자들이 만들어지고 지금의 우주가 되었죠. 지금도 팽창하고 있는 이 우주의 크기는 가늠할 수가 없어요.

가끔 수업 중에 역사에서 다루는 몇천 년은 시간도 아니라며 과학을 치켜세울 때가 있어요. (유치한 거 저도 압니다.) 과학은 최소 138억 년 우주의 역사를 다루니까요. 그렇기에 그 거대한 시간을 공부하며 우주를 상상하다 보면 '나는 누구인가?', '나는 어디에서 왔으며 어디로 가야 하나?'와 같은 폴 고갱의 그림 제목과도 같은 생각을 저절로 하게 되죠. 그러면서 학생들에게 '친구들과 사이좋게 지내야 한다.', '오늘 한 번 웃는 게 더 중요하다.'고 덧붙여봐요. 하지만 이내 "내일 볼 수행평가가 더 급하다구요. 선생님."이라는 학생들의 말에 제가 오히려 혼쭐납니다.

저도 학창 시절에 똑같은 대화를 나눈 역사가 있죠. 그런데요. 시험이든 뭐든 결과가 만족스럽지 않을 때 그 옛날 선생님께서 해주신 묵직한 말들이 위로가 되더라구요. '과거의 후회나 미래의 걱정은 잠시 접어두고, 현재 이곳에서 어떻게 시간을 채울 것인가?'가 핵심이었는데요. 눈치챘나요? 선생님의 선생님을 통해 전달한 시ㆍ공간을 담은 교훈을 말이죠. 다시 공부하자는 뜻인 것 같으니 우주 여행을 계속 떠나볼게요.

엄떵이 쌤의 세 가지 맛 과학 공부법 ·

우주 개념표부터 훑어봐요

우주 개념표를 공부하는 방법은요. 먼저 요약표를 보면서 개념을 간단히 훑어보는 겁니다. 자신만의 아이디어로 개념을 엮은 그림을 그려봐도 좋구요.

태양을 중심으로 한 '태양계'에서 지구를 중심으로 한 '지구계'로, 또 태양계에서 더 나아가 '별과 천체'로 분류했어요. 그럼 가장 가까이에서 빛나는 별인 '태양'부터 볼게요. '큰 별'이라는 한자 뜻을 가진 태양은 지구 지름보다 109배만큼 크지요. 또 아주 젊은 별에 속해요. (이를 주계열성이라고 합니다.) 아직은 창창한 청년기의 모습으로 살고 있는 거죠. 태양도 사람처럼 일생이 있어 언젠가는 더 큰 붉은 빛의 거성이 되었다가,

그림 3-15   태양과 지구, 별을 아우르는 시선

태양계 (太陽系)	· 태양(太陽), 행성(行星), 달[月], 그 외 천체(天體)
지구계 (地球系)	· 지구(地球) · 지권(地圈), 수권(水圈), 기권(氣圈), 외권(外圈) · 생물권(生物圈, 따로 다룸)
별과 천체(天體)	· 빛[光] · 거리, 밝기, 별의 색, 표면온도 · 항성(恒星), 성단(星團), 성운(星雲)

표 3-2 우주를 공부하기 위한 개념 요약표

결국에는 빛을 낼 수 없는 백색 왜성이 될 거예요.

태양을 보면 어렸을 때 사촌 오빠와 함께 돋보기로 짚을 태우며 놀았던 기억이 납니다. 빛이 렌즈에 모여 짚을 태워 없애면서 구멍의 가장자리가 검게 바뀌었죠. 구멍 근처로 연기가 피어오르며 불이 생기는 모습을 보면서 신기해했어요. 그 신기한 빛을 가진 태양의 표면과 대기를 공부하고 나면, 태양의 가림 현상인 일식으로 넘어갑니다. 마지막으로 천구상에 태양이 지나가는 길, 황도를 공부하면 되지요.

다음으로 태양의 중력에 붙잡혀 태양 주위를 공전하는 행성에 대해 공부해요. 지구의 공전 궤도를 기준으로, 또 여러 가지 물리적 특성에 따라 행성을 나눠보구요. 지구를 떠나지 않고 맴도는 우리의 단짝인 달에 대해서도 알아봐요. 달의 위상 변화와 월식에서는 태양이 빠질 수 없기 때문에, 태양을 다시 소환해야 할 거예요.

행성에서 퇴출된 명왕성이 속한 왜소행성, 크기가 더 작은 소행성, 태

엄떵이 쌤의 세 가지 맛 과학 공부법 ·

양 주위를 타원이나 포물선 궤도로 돌고 있는 혜성, 행성 주위를 도는 위성, 별똥별인 유성, 땅에 떨어진 운석까지, 태양계의 천체들도 다뤄요.

이제 우리 '지구'네요. 내가 살고 있고 먼 훗날 우리 후손이 살게 될 지구예요. 그래서 더 소중하게 지켜야 합니다. 소중한 지구만큼이나 중요한 각 요소는 한자 '계(系)'와 '권(圈)'을 통해 익혔으니 익숙할 거예요.

우리가 육상생물이니만큼 수권 말고 지권을 먼저 배워요. 그러니 발길에 차이는 짱돌부터 시작해야죠. 조금 더 고급지게 단어 끝에 '바위 암(巖)'을 붙인 암석의 종류를 공부합니다. 암석은 만들어지는 과정에 따라 화성암, 퇴적암, 변성암으로 나눠요. 암석을 이루는 광물의 종류와 다양한 특성을 본 후 다른 암석으로 변하는 과정인 '순환'도 배우게 되죠. (이 세상에 변하지 않는 것은 없지요.) 암석이 포함된 지각을 공부하고 나면 판(板)과 대(帶)로 개념이 이어집니다.

수권은요. 해수와 육수로 나눠서 익힌 후 층상구조를 배우고요. 또 해수에 녹아 있는 염류에 대해 분석한 후 우리나라 주변 해류의 종류에 대해서도 알아봐요. 마지막으로 조석 현상에 대해 정리합니다.

기권은 층상구조와 함께 날씨와 관련된 개념을 배우지요. 구름이 만들어져 비와 눈이 되어 내리는 과정, 바람의 발생 원인과 종류, 우리나라 주변 기단과 전선의 종류도 공부해요. 마음속 바람이 살랑이듯 기권을 지나가면, 더 바깥 영역에는 외권이 있어요.

이제 태양계를 벗어난 또 다른 별과 천체에 대한 이야기예요. '별!' 하면 '빛'을 빼놓을 수 없죠. 중학교 1학년 때 빛과 관련된 다양한 개념을 익히고 난 후 3학년이 되면 별까지의 거리와 별의 밝기, 그리고 별의 색과 표면온도의 관계도 배워요. (2022 개정 교육과정에서는 '빛과 파동', '별과 우주' 단원이 모두 2학년으로 이동합니다.) 별이 모여서 만든 성단과 별 사이에 있는 가스나 티끌도 만나보세요. 보잘것없이 보이는 가스나 티끌이 구름처럼 모이면 새로운 별이 탄생하는 거룩한 곳이 되지요.

'기준'이라는 단어는 과학에서 참 중요한데요. 천구에서 나온 기준선과 기준점만 봐도 그렇죠. 그렇다면 지구과학에서는 왜 기준이 중요할까요? 태양과 달과 별을 보는 사람이 '나'라서 그래요. 중위도 지역 어딘가쯤 살고 있는 내가 기준인 거죠. 반대로 다른 곳에 살고 있는 그 누군가에게는 천체가 다르게 보인다는 거예요. 그래서 '관측자'와 '보인다'라는 단어가 자주 나옵니다. (관측자 대신 관찰자로 나오기도 해요. '멋있어 보인다'에서 '보인다'는 철저히 관측자 중심의 단어랍니다.) 그러니 나와는 다른 모습의 밤하늘을 보는 어딘가에 살고 있을 그 누군가도 생각해주세요.

엄떵이식 개념표를 보는 방법은요

여기까지 와준 친구들에게 개념표 공부법을 안내합니다. ① 개념표를 소리 내어 한 번 읽는 거예요. 두 번째 읽을 때는 ② 같은 칸 안에 있는 비슷한 개념들 사이에서 공통된 한자를 찾아보세요. 예를 들어 빛이 지나가는 경로를 나타내는 '광선(光線)'이 보일 거예요. 암석에서 자주 등장하는 '바위 암(巖)'도 보일 거구요. 이렇게 공통으로 들어가는 한자를 체크해봐요. 개념이 자연스레 묶여 개념 덩어리를 익히는 데 도움이 됩니다.

엄떵이 쌤의 세 가지 맛 과학 공부법 ·

다음으로 ③ 해당 과학 개념을 가장 잘 설명할 만한 특정 한자나 한자어에 체크하는 겁니다. 개기일식에서는 '모두 개(皆)'에, 부분일식에서는 '부분(部分)'에 말이죠. 입사 광선에서는 '들 입(入)', '반사 광선'에서는 '돌이킬 반(反)', 굴절 광선에서는 '꺾을 절(折)'에 표시하면 좋겠네요.

④ 개념을 보면서 떠오르는 그림이나 그래프도 그려줍니다. 그림이나 그래프보다 더 직관적인 것이 없거든요. 파동 옆에 특정 시간에 얻어진 구불구불한 파동의 모습을 그린 후 마루, 골, 진폭과 파장을 표시하는 거예요. 그러면 '파동'의 기본 개념들이 그림과 함께 덩어리로 이해됩니다. 기권 옆에는 지그재그 모양의 '높이에 따른 기온변화' 그래프를 그리고 '대성중열'을 떠올려보는 거죠.

과학 개념만 봐도 특정 한자 뜻과 함께 그림이 연상되면 공부는 문제도 아니죠. 입사 광선을 보고 들어가는 광선을, 반사 광선을 보고 다시 돌아가는 광선을, 굴절 광선을 보고 다른 물질로 꺾여 들어가는 광선의 모양을 떠올릴 수 있으면 좋겠어요. 시간이 지나 개념이 탄탄해지면요. 한자의 뜻과 그림이 떠오르지 않아도, 입사 광선이 입사 광선 그 자체로 인식됩니다. 과학 개념의 정의가 없어도 개념을 있는 그대로 받아들이게 될 테니까요.

이제는 ⑤ 개념을 이용해 문장을 만들어보세요. 친구에게 설명하듯이요. 꼭 매끄러운 문장이 아니어도 괜찮으니 편하게 문장을 만들어보는 거예요. 예를 들면 이런 식으로요. "태양은 표면과 대기로 나눠서 공부할 건데, 표면부터 설명해볼게. 태양의 표면을 광구라 하고, 광구에서 쌀알 무늬와 흑점을 관찰할 수 있어." 어때요? 할 수 있겠죠? 여기에 쌀알 무늬와 흑점에 추가로 적어둔 단어와 합쳐서 더 자세한 내용이 담긴 문장을 만들어보는 거예요.

개념표에 나오는 과학 개념은 당연히 두음 법칙이 적용된 거예요. 두음 법칙은요. 'ㄴ'이나 'ㄹ'이 들어간 한자음이 단어 첫머리에 올 때 'ㄴ'은 'ㅇ'으로, 'ㄹ'은 'ㄴ'이나 'ㅇ'으로 적는 것을 말해요. 녀자를 여자로, 락원을 낙원으로, 량심을 양심으로 쓰듯이요. 엄떵이식 개념표에서 오줌이 지나가는 길인 '요도(尿道)'는 '오줌 뇨'에서 '뇨'가 '요'로 바뀐 것이기에, '오줌 뇨(요)'로 표기했어요. 단, 두음 법칙은 한자음이 첫머리에 올 때만 적용되기 때문에, 오줌이 지나가는 미세한 관이라는 뜻의 '세뇨관(細尿管)'에서는 '뇨'를 그대로 표기해요.

다만, 모음이나 'ㄴ' 받침 뒤에 '비율 률(率)'이나 '쪼갤 렬(裂)'이 이어질 때는 첫머리가 아니어도 '율', '열'로 적어요. 그래서 비율(比率), 배율(倍率), 백분율(百分率), 분열(分裂)이 맞구요. 일률(일率), 능률(能率), 결렬(決裂)이 맞습니다. 이렇게 여러 가지 규칙이 나올 때는 해당 예시를 하나씩만 기억하는 것도 좋은 방법이에요.

마지막으로 한자 '불(不)'은 'ㄷ'이나 'ㅈ' 앞에서 '부'로 표기해요. 한글 맞춤법이니 부당(不當)하다고 생각 말구요. 부주의(不注意)해서 '불주의'로 쓰지 않도록 해요. (불은 주의해야 하는 게 맞긴 합니다.)

개념표에서 같은 한자인데 뜻을 다르게 적어둔 경우가 있어요. 예를 들어 일주운동에서는 '날 일(日)'을, 일식에서는 '해 일(日)'을 썼어요. 일주운동은 하루를 주기로 하는 운동이기에 날(day)의 의미를, 일식은 태

엄떵이 쌤의 세 가지 맛 과학 공부법 ·

양이 가려지는 것이기에 해(sun)의 의미를 강조한 거죠. (day와 sun을 통해, 태양의 일주운동 때문에 하루의 개념이 생긴다는 것도 연결해보세요.) 이때 일주운동은 겉보기 운동이라는 것도 눈치챘나요? 지구의 자전 때문에 태양, 달, 별들이 하루에 한 바퀴씩 도는 것처럼 보이니까요. 물론 지구 상의 관측자에게 말이죠.

앞으로 소개할 우주, 생명, 물체와 물질에서 여러 번 등장하는 개념도 있을 거예요. 같은 개념이어도 분류 기준에 따라 다르게 묶을 수 있거든요. 예를 들어 '연주운동'의 경우 지구의 공전과 관련되니 우주에서 당연히 나오구요. 1년을 주기로 한 운동이기 때문에 물체의 운동 중 '주기(週期)'에서 또 나와요. 그러니 어떤 기준으로 어떤 개념들과 함께 나오는지 유심히 보면서 과학 개념을 익혀보세요.

우주(宇宙) 개념표

태양계(太陽系)	
태양 (太陽)	**<태양의 표면>** · **광구**(光球, 빛 광, 공 구), **쌀알 무늬**, **흑점**(黑點, 검을 흑, 점 점) **<태양의 대기>** · **채층**(彩層, 채색 채, 층 층), **코로나**, **홍염**(紅焰, 붉을 홍, 불꽃 염) · **플레어**, **태양풍**(太陽風, 클 태, 볕 양, 바람 풍) · **지구 자기장**(地球磁氣場, 땅 지, 공 구, 자석 자, 기운 기, 마당 장) · **자기폭풍**(磁氣暴風, 자석 자, 기운 기, 사나울 폭, 바람 풍)

	· **일식**(日蝕, 해 일, 좀먹을 식)
	  개기일식(皆旣日蝕, 모두 개, 이미 기, 해 일, 좀먹을 식)
	  부분일식(部分日蝕, 나눌 부, 나눌 분, 해 일, 좀먹을 식)
	· **황도**(黃道, 누를 황, 길 도), **황도12궁**(黃道十二宮, 누를 황, 길 도, 별자리 궁)

행성
(行星)
	· **행성**(行星, 다닐 행, 별 성)
	  수성, 금성, 지구, 화성, 목성, 토성, 천왕성, 해왕성
	· **내행성**(內行星, 안 내, 다닐 행, 별 성), **외행성**(外行星, 바깥 외, 다닐 행, 별 성)
	· **지구형 행성**(地球型行星, 땅 지, 공 구, 모형 형, 다닐 행, 별 성)
	  목성형 행성(木星型行星, 나무 목, 별 성, 모형 형, 다닐 행, 별 성)

달
[月, 달 월]
	· **달**[月, 달 월], **삭**(朔, 초하루 삭), **망**(望, 보름 망)
	· **초승달, 상현달**(上弦, 달, 윗 상, 활시위 현), **보름달**
	  하현달(下弦, 달, 아래 하, 활시위 현), **그믐달**
	· **월식**(月蝕, 달 월, 좀먹을 식)
	  개기월식(皆旣月蝕, 모두 개, 이미 기, 달 월, 좀먹을 식)
	  부분월식(部分月蝕, 나눌 부, 나눌 분, 달 월, 좀먹을 식)

그 외 천체 (天體)	· **왜소행성**(矮小行星, 난쟁이 왜, 작을 소, 다닐 행, 별 성) 예) 명왕성 · **소행성**(小行星, 작을 소, 다닐 행, 별 성) · **혜성**(彗星, 혜성 혜, 별 성) · **위성**(衛星, 지킬 위, 별 성), **인공위성**(人工衛星, 사람 인, 장인 공, 지킬 위, 별 성) · **유성**(遊星, 흐를 유, 별 성), **운석**(隕石, 떨어질 운, 돌 석)

지구계(地球系)	
지구 (地球)	· **지권**(地圈, 땅 지, 구역 권), **수권**(水圈, 물 수, 구역 권) **기권**(氣圈, 기체 기, 구역 권), **생물권**(生物圈, 날 생, 만물 물, 구역 권) **외권**(外圈, 바깥 외, 구역 권) · **자전**(自轉, 스스로 자, 회전할 전) **일주운동**(日週運動, 날 일, 돌 주, 옮길 운, 움직일 동) · **공전**(公轉, 공평할 공, 회전할 전) **연주운동**(年週運動, 해 년(연), 돌 주, 옮길 운, 움직일 동)
지권 (地圈)	· **지진파**(地震波, 땅 지, 흔들릴 진, 파동 파), **지각**(地殼, 땅 지, 껍질 각) · **대륙지각**(大陸地殼, 큰 대, 육지 륙, 땅 지, 껍질 각) **해양지각**(海洋地殼, 바다 해, 큰바다 양, 땅 지, 껍질 각) · **모호면**(=모호로비치치 불연속면) · **맨틀, 외핵**(外核, 바깥 외, 핵심 핵), **내핵**(內核, 안 내, 핵심 핵)
	· **암석**(巖石, 바위 암, 돌 석) · **화성암**(火成巖, 불 화, 이룰 성, 바위 암), **마그마, 용암**(鎔巖, 주조할 용, 바위 암) **화산암**(火山巖, 불 화, 메 산, 바위 암), **심성암**(深成巖, 깊을 심, 이룰 성, 바위 암) · **퇴적암**(堆積巖, 쌓을 퇴, 쌓을 적, 바위 암), **역암**(礫巖, 자갈 력(역), 바위 암) **사암**(砂巖, 모래 사, 바위 암), **셰일, 석회암**(石灰巖, 돌 석, 석회 회, 바위 암) **층리**(層理, 층 층, 결 리), **화석**(化石, 될 화, 돌 석) · **변성암**(變成巖, 변할 변, 이룰 성, 바위 암) **규암**(硅巖, 규소 규, 바위 암), **대리암**(大理巖, 큰 대, 결 리, 바위 암) **편암**(片巖, 조각 편, 바위 암), **편마암**(片麻巖, 조각 편, 삼 마, 바위 암) **엽리**(葉理, 나뭇잎 엽, 결 리)
	· **광물**(鑛物, 광석 광, 만물 물) · **조암 광물**(造巖鑛物, 이룰 조, 바위 암, 광석 광, 만물 물) **석영, 장석, 흑운모, 각섬석, 휘석, 감람석** · **색**(色, 색채 색), **밝은색 광물, 어두운색 광물** · **조흔색**(條痕色, 가지 조, 흔적 흔, 색채 색) **조흔판**(條痕板, 가지 조, 흔적 흔, 널빤지 판) · **굳기, 자성**(磁性, 자석 자, 성질 성) · **염산 반응**(鹽酸反應, 소금 염, 실 산, 돌이킬 반, 응할 응)

지권 (地圈)	· **풍화**(風化, 바람 풍, 될 화), **침식**(浸蝕, 잠길 침, 좀먹을 식), **운반**(運搬, 옮길 운, 옮길 반) · **풍화 작용**(風化作用, 바람 풍, 될 화, 행할 작, 행할 용), **토양**(土壤, 흙 토, 흙 양) · **암석의 순환**(巖石의 循環, 바위 암, 돌 석, 돌 순, 고리 환)

	· **대륙이동설**(大陸移動說, 큰 대, 육지 륙, 옮길 이, 움직일 동, 말씀 설)
	· **판게아**
	· **판**(板, 널빤지 판)
	  대륙판(大陸板, 큰 대, 육지 륙, 널빤지 판)
	  해양판(海洋板, 바다 해, 큰바다 양, 널빤지 판)

	· **화산**(火山, 불 화, 메 산) · **지진**(地震, 땅 지, 흔들릴 진), **지진파**(地震波, 땅지, 흔들릴 진, 파동 파) · **진도**(震度, 흔들릴 진, 정도 도) (리히터) **규모**(規模, 본보기 규, 법 모) · **화산대**(火山帶, 불 화, 메 산, 띠 대), **지진대**(地震帶, 땅 지, 흔들릴 진, 띠 대) · **지각 변동**(地殼變動, 땅 지, 껍질 각, 변할 변, 움직일 동)

수권
(水圈)
	· **해수**(海水, 바다 해, 물 수)
	· **육수**(陸水, 육지 륙(육), 물 수), **빙하**(氷河, 얼음 빙, 물 하)
	  지하수(地下水, 땅 지, 아래 하, 물 수), **담수**(淡水, 묽을 담, 물 수)
	· **혼합층**(混合層, 섞을 혼, 합할 합, 층 층)
	  수온 약층(水溫躍層, 물 수, 온도 온, 뛸 약, 층 층)
	  심해층(深海層, 깊을 심, 바다 해, 층 층)

	· **염류**(鹽類, 소금 염, 무리 류), **염분**(鹽分, 소금 염, 나눌 분)
	· **염분비 일정 법칙**(鹽分比一定法則, 소금 염, 나눌 분, 비율 비, 한 일, 정할 정, 법 법, 법칙 칙)
	· **해류**(海流, 바다 해, 흐를 류)
	  난류(暖流, 따뜻할 난, 흐를 류), **한류**(寒流, 찰 한, 흐를 류)
	  황해 난류, 동한 난류, 북한 한류
	· **조경수역**(潮境水域, 바닷물 조, 경계 경, 물 수, 구역 역)

	· **조석**(潮汐, 조수 조, 조수 석) **만조**(滿潮, 찰 만, 조수 조), **간조**(干潮, 텅빌 간, 조수 조) · **조차**(潮差, 조수 조, 다를 차)

기권 (氣圈)	· 대류권(對流圈, 대할 대, 흐를 류, 구역 권)
	기상현상(氣象現象, 공기 기, 모양 상, 나타날 현, 모양 상)
	· 성층권(成層圈, 이룰 성, 층 층, 구역 권), 오존층(ozone層, 층 층)
	자외선(紫外線, 자줏빛 자, 바깥 외, 선 선)
	· 중간권(中間圈, 가운데 중, 사이 간, 구역 권), 유성(流星, 흐를 류(유), 별 성)
	· 열권(熱圈, 열 열, 구역 권), 오로라
	· 복사 평형(輻射平衡, 바퀴살 복, 쏠 사, 평평할 평, 고를 형)
	태양 복사 (에너지)(太陽輻射, 클 태, 볕 양, 바퀴살 복, 쏠 사)
	지구 복사 (에너지)(地球輻射, 땅 지, 공 구, 바퀴살 복, 쏠 사)
	· 온실 효과(溫室效果, 따뜻할 온, 집 실, 효과 효, 결과 과), 온실기체
	· 지구 온난화(地球溫暖化, 땅 지, 공 구, 따뜻할 온, 따뜻할 난, 될 화)
	· 포화 수증기량(飽和水蒸氣量, 배부를 포, 화목할 화, 물 수, 증발할 증, 기체 기, 양 량)
	· 상대 습도(相對濕度, 서로 상, 대할 대, 젖을 습, 정도 도)
	절대 습도(絕對濕度, 끊을 절, 대할 대, 젖을 습, 정도 도)
	· 이슬점(이슬點, 점 점), 응결(凝結, 엉길 응, 맺을 결)
	· 단열 팽창(斷熱膨脹, 끊을 단, 열 열, 부풀 팽, 팽창할 창)
	· 구름, 적운(積雲, 쌓을 적, 구름 운), 층운(層雲, 층 층, 구름 운)
	· 강수(降水, 내릴 강, 물 수), 빙정(氷晶=얼음알갱이, 얼음 빙, 결정 정)
	· 강수이론(降水理論, 내릴 강, 물 수, 이치 리(이), 논할 론)
	빙정설(氷晶說, 얼음 빙, 결정 정, 말씀 설)
	병합설(倂合說, 아우를 병, 합할 합, 말씀 설)
	· 기온(氣溫, 공기 기, 온도 온)
	· 기압(氣壓, 공기 기, 누를 압)
	고기압(高氣壓, 높을 고, 공기 기, 누를 압)
	저기압(低氣壓, 낮을 저, 공기 기, 누를 압)
	· 등압선(等壓線, 같을 등, 누를 압, 선 선)
	· 바람, 풍향(風向, 바람 풍, 향할 향), 풍속(風速, 바람 풍, 빠를 속)
	· 해륙풍(海陸風, 바다 해, 육지 륙, 바람 풍)
	해풍(海風, 바다 해, 바람 풍), 육풍(陸風, 육지 륙, 바람 풍)
	· 산곡풍(山谷風, 메 산, 골짜기 곡, 바람 풍)
	· 계절풍(季節風, 계절 계, 절기 절, 바람 풍)

- 기단(氣團, 공기 기, 집단 단), 전선(前線, 앞 전, 선 선)
- 한랭 전선(寒冷前線, 찰 한, 찰 랭, 앞 전, 선 선)

  온난 전선(溫暖前線, 따뜻할 온, 따뜻할 난, 앞 전, 선 선)

  폐색 전선(閉塞前線, 닫을 폐, 막힐 색, 앞 전, 선 선)

  정체 전선(停滯前線, 머무를 정, 막힐 체, 앞 전, 선 선)
- 전선면(前線面, 앞 전, 선 선, 표면 면)
- 기류(氣流, 공기 기, 흐를 류)

  상승 기류(上昇氣流, 윗 상, 오를 승, 공기 기, 흐를 류)

  하강 기류(下降氣流, 아래 하, 내릴 강, 공기 기, 흐를 류)
- 기상(氣象, 공기 기, 모양 상), 일기도(日氣圖, 날 일, 공기 기, 그림 도)
- 일기예보(日氣豫報, 날 일, 공기 기, 미리 예, 알릴 보)

별과 천체(天體)

빛[光, 빛 광]

- 광원(光源, 빛 광, 근원 원)
- 다중섬광사진(多重閃光寫眞, 많을 다, 겹칠 중, 번쩍일 섬, 빛 광, 베낄 사, 참 진)
- 그림자, 본그림자(本그림자, 근본 본), 반그림자(半그림자, 조각 반)
- 빛의 합성(合成, 합할 합, 이룰 성), 빛의 분산(分散, 나눌 분, 흩을 산)
- 빛의 삼원색(빛의 三原色, 석 삼, 근원 원, 색채 색)

- 상(像, 형상 상), 평면거울(平面거울, 평평할 평, 표면 면)
- 볼록 거울, 오목 거울, 볼록 렌즈, 오목 렌즈
- 초점(焦點, 중심 초, 점 점)

- 광선(光線, 빛 광, 선 선), 법선(法線, 법 법, 선 선)
- 입사 광선(入射光線, 들 입, 쏠 사, 빛 광, 선 선)

  반사 광선(反射光線, 돌이킬 반, 쏠 사, 빛 광, 선 선)

  굴절 광선(屈折光線, 굽힐 굴, 꺾을 절, 빛 광, 선 선)
- 입사각(入射角, 들 입, 쏠 사, 각 각)

  반사각(反射角, 돌이킬 반, 쏠 사, 각 각)

  굴절각(屈折角, 굽힐 굴, 꺾을 절, 각 각)

- 파동(波動, 물결 파, 움직일 동), 매질(媒質, 매개 매, 바탕 질)
- 마루, 골, 진폭(振幅, 진동할 진, 폭 폭), 파장(波長, 물결 파, 길이 장)

엄떵이 쌤의 세 가지 맛 과학 공부법 ·

	주기(週期, 돌 주, 기간 기), 진동수(振動數, 진동할 진, 움직일 동, 수량 수)
	· 횡파(橫波, 가로 횡, 물결 파), 종파(縱波, 세로 종, 물결 파)
	· 전자기파(電磁氣波, 전기 전, 자석 자, 기운 기, 물결 파)
거리 **밝기** **별의 색** **표면 온도**	\<별까지의 거리\> · 시차(視差, 볼 시, 다를 차) 연주시차(年周視差, 해 년(연), 돌 주, 볼 시, 다를 차), **파섹(parsec)** · 천문단위(天文單位, 하늘 천, 현상 문, 홑 단, 자리 위), **광년(光年, 빛 광, 해 년)** \<별의 밝기\> · 겉보기 등급(겉보기等級=실시등급, 무리 등, 등급 급) · 절대 등급(絕對等級, 끊을 절, 대할 대, 무리 등, 등급 급) \<별의 색과 표면온도\> · 적색, 주황색, 황색, 황백색, 백색, 청백색, 청색

항성(恒星)
성단(星團)
성운(星雲)
	· 항성(恒星, 항상 항, 별 성), 북극성(北極星, 북녘 북, 극 극, 별 성)
	· 은하(銀河, 은빛 은, 강 하), 은하수(銀河水, 은빛 은, 강 하, 물 수)
	· 우리은하(우리銀河, 은빛 은, 강 하)
	  \<위\> 막대 나선(螺旋) 모양(소라 라(나), 회전할 선)
	  \<옆\> 원반(圓盤) 모양(둥글 원, 쟁반 반)
	· 성단(星團, 별 성, 집단 단)
	  산개 성단(散開星團, 흩을 산, 열 개, 별 성, 집단 단)
	  구상 성단(球狀星團, 공 구, 모양 상, 별 성, 집단 단)
	· 성간물질(星間物質, 별 성, 사이 간, 만물 물, 바탕 질)
	· 성운(星雲, 별 성, 구름 운)
	  방출 성운(放出星雲, 놓을 방, 날 출, 별 성, 구름 운)
	  반사 성운(反射星雲, 돌이킬 반, 쏠 사, 별 성, 구름 운)
	  암흑 성운(暗黑星雲, 어두울 암, 검을 흑, 별 성, 구름 운), 예) 말머리성운

4
지구에서 살아가는 생명도 만나보구요

생태계가 유지되려면

수업 시간에 소화를 공부하다가 대변을 기증하는 청년을 영상으로 보게 됐어요. 학생들은 하나같이 약속이라도 한 듯 '으'라는 입 모양을 하더니 화면에 집중은 하더라고요. 모닝똥의 중요함을 이야기하면 똥도 안 누는 것처럼 싫어해요. (이 세상에 똥 안 누는 사람 어디 있다고. 똥을 잘 눠야 상쾌한 아침을 맞을 수 있는데 말이죠.) 제 눈에는 다른 사람을 위해 시간을 내는 청년이 멋져 보이기만 했어요. 또 자기 관리의 끝판왕이라야 대변을 기증할 수 있다는 사실이 흥미로웠습니다.

대변은 우리의 장에 살고 있는 대장균의 도움 없이는 만들어질 수 없어요. 대장균은 소화된 음식 찌꺼기를 분해하고 바이타민 합성에도 도움을 주죠. (이와 달리 병의 원인이 되는 '병원성(病原性) 대장균'은 완전하게 조리되지 않은 고기나 오염된 물 등을 섭취했을 때, 설사나 복통을 유발하는 유해균입니다.) 대변이 되기 전 우리 몸에 들어오는 음식물은요? 광합성을 하는 식물이 없으면 섭취가 불가능해요. 소의 먹이가 되는 짚도, 우리가 먹는 쌀도 벼가 있기에 가능한 거구요.

지구과학이 '태양계(太陽系)'에서 출발한 것처럼, 생명과학은 '생태계(生態系)'에서 시작합니다. (태양계와 생태계에서 계는 같은 한자 '묶을 계(系)'를 써요. 익숙해지니 반갑죠?) 그래서 생태계를 이루는 생물적 요인인 생산자, 소비자, 분해자부터 짚어줍니다. 생산자는 벼를, 소비자는 벼를 먹는 우리를 생각하면 되구요. 분해자는 대장 속 세균을 떠올리면 되겠네요.

그림 3-16 우리 몸을 지키는 미생물

생태계(生態系)		
생물의 분류(分類)		
동물(動物)	·구성 단계(構成段階) ·소화(消化), 순환(循環), 호흡(呼吸), 배설(排泄) ·자극(刺戟)과 반응(反應), 생식(生殖)과 유전(遺傳)	
식물(植物)	·구성 단계(構成 段階) ·식물의 구조(構造), 식물의 작용(作用) ·세포분열(細胞分裂)	

표 3-3 　생명을 공부하기 위한 개념 요약표

　그런데 생산자, 소비자, 분해자만 있으면 살 수 있을까요? 우리가 살아갈 토양, 숨 쉴 때 필요한 공기와 소중한 물, 적절한 온도와 빛까지… 비생물적 요인도 필요합니다. 생물을 둘러싼 이런 환경이 없다면 생태계가 유지될 수 없어요.

　다음은 '생물 다양성'입니다. 같은 종에서의 유전적 차이인 '유전적 다양성'부터 일정한 지역 내에 서식하는 '종의 다양성'과 숲, 초원, 사막 등 생물 서식지의 '생태계 다양성'에 이르기까지 이 모든 다양성이 곧 '자연'입니다.

　생물 다양성이 잘 보전된다면 '멸종위기종'이라는 단어도 필요 없겠지요. 야생동물의 남획과 각종 개발사업으로 인한 서식지 파괴, 환경 오염이 이제 놀랍지도 않습니다. 그나마 다행인 건 습지를 보호하고 생물 종의 멸종을 방지하기 위한 '람사르 협약', '생물다양성협약' 등을 통해 국제적인 노력을 하고 있다는 거지요.

동물·식물에서 '구조와 기능'을 떠올려봐요

이제 생물을 분류해볼 텐데요. 생물의 분류 체계는 과학이 발달하면서 지속적으로 변해왔어요. 더 세분화된 분류 체계가 있지만 교과서에 있는 '5계 분류체계'를 소개합니다. 동물계, 식물계, 균계, 원생생물계, 원핵생물계로 나눠요. 생물 분류 단위를 '종(種)'으로 나눈 후 공통적인 특징으로 다시 묶어 단계적으로 나타낸 '분류 계급'도 있어요. 많이 들어보았을 '종-속-과-목-강-문-계'입니다.

동물과 식물 둘 다 세포를 기본 단위로 하여 개체에 이르기까지 여러 단계로 이루어져 있어요. 각 구성 단계는 공통점이 있죠. 각자 고유한 모양으로 특정한 기능을 다하고 있다는 겁니다. 그것이 세포든 기관이든 마찬가지예요. (식물의 조직계, 동물의 기관계도 그래요.)

교과서에 있는 학습 목표를 꼼꼼하게 읽어보는 친구 있나요? (있다면 칭찬 왕창 해드리고 싶네요.) '눈의 구조와 기능을 알고~', '신경계 및 뉴런의 구조와 기능을 알고~'로 써져 있어요. '구조와 기능'은 생명과학을 공부할 때 자주 만나게 될 세트 단어예요. 둘은 단짝이라 하나가 없어도 다른 하나를 유추할 수 있어야 해요.

'소장 안쪽 벽은 주름과 융털 때문에 영양소와 닿는 표면적이 매우 넓다.'라는 문장에서 '구조와 기능'이라는 단어가 자연스럽게 떠오르나요? '구조'가 어렵다면 '모양'으로, '기능'이라는 단어가 어려울 땐 '역할'로 바꿔보세요. 소장의 주름과 융털 구조가 표면적을 넓혀주기 때문에, 영양소 흡수라는 기능의 효율이 높아지는 거예요.

머리카락이 한 가닥이라면 분주한 아침이 얼마나 평온할까요? (한 가닥을 잃게 될 일은 상상하지 맙시다.) 그런데 관리가 편하다는 것 빼곤 딱히 다른 장점이 떠오르진 않네요. 반면 수많은 가닥의 풍성한 머리카락은 뇌를 보호하기 위한 쿠션으로 제격이죠. 한 가닥일 때보다 더 다양하게 스타일을 연출할 수도 있구요. 그래서 강조해봐요. '그렇게 생긴 이유는 그 일을 하기 위함이다.'라고요. (저마다 다른 모습을 한 우리도 각자의 의미 있는 '쓰임'이 있을 거라 믿어요.)

동물 중에서도 '나'에 대해 먼저 알아야겠지요. 공부해야 할 분야라기 보다 기본 상식입니다. 이 공부는 일상의 소중함에 대해 생각해볼 수 있는 주제들로 채워져 있어요. 이로 음식물을 씹을 수 있는 것에 대한 감사함도, 심장을 공부하면서 꼭 알아둬야겠다고 결심하는 '심폐소생술'의 중요함도 알게 되죠. 순대를 먹으며 돼지의 허파(폐) 모양을 자세히 관찰하고, 콩팥은 사고파는 물건이 아니며 돈으로 그 가치를 따질 수 없다는 걸 깨닫는 순간도 옵니다. 이것이 바로 생명과학이 추구하는 학습 목표라고 생각해요.

순식간에 우리 몸을 구성하는 기관계 중 네 가지를 공부했네요. 소화계, 순환계, 호흡계, 배설계 외에도 사람의 기관계에는 신경계, 내분비계, 생식계, 골격계, 면역계 등이 있어요. 이 중 신경계와 내분비계는 중학교 3학년 '자극과 반응'이라는 단원, 생식계는 '생식과 유전'이라는 단원과 연결되지요. 두 단원명(單元名, 단원의 이름) 모두 살아 있는 생물의 특성입니다. 생물은 자극하면 반응하구요. (이 책이 '자극'이 되어 과학을 한자와 국어로 연결해서 공부하는 '반응'으로 이어지면 좋겠는데 말이죠.) 생식과 유전으로 종족을 유지해요.

생명과학을 공부할 때는 반드시 그림을 그려야 합니다. 밋밋한 개념 표에 기관의 모양을 그려보세요. 심장을 익힐 때 눈으로만 보지 말구요. 심장을 그린 후 심장에 혈관을 잇고 동맥과 정맥의 색을 다르게도 표시 해보는 거예요. 온몸과 폐도 추가로 적어 혈관으로 연결한 후 온몸순환 과 폐순환까지 완성해보세요. 그 후에는 그림을 이용해 친구에게 설명 해보세요. (곁에 친구가 없을 땐 설명도 하고 듣기도 하는 '1인 2역'을 해내면 되지요.) 또 체세포분열과 생식세포분열의 각 시기별 특징을 담은 그림 도 그려넣구요.

마지막은 식물입니다. 동물과 마찬가지로 '구조와 기능'이 떠올라야 하구요. '구성 단계'에서는 동물과의 공통점과 차이점이 생각나면 좋지 요. 광합성을 통해 식물의 위대함을 알고, 증산 작용을 통해 무인도에서 물을 구하는 방법도 공부해봐요. 식물 또한 세포 호흡을 해야 싹이 트고 생장하며 꽃도 피울 수 있다는 사실을 통해 생명의 신비도 느껴보세요.

내외를 구분하면 과학 개념이 새롭게 보여요

천구에 여러 기준선과 기준점이 있었죠. 생명과학에도 '기준'이 있는 데요. 바로 '내외(內外)'의 구분입니다. 오줌이 만들어지는 과정을 나타 낸 그림 3-17에서 '여과', '재흡수', '분비'가 적힌 화살표 방향을 주의깊 게 보세요. 내 몸에서 바깥으로 '여과'하고 내 몸에 필요하니까 '재흡수'

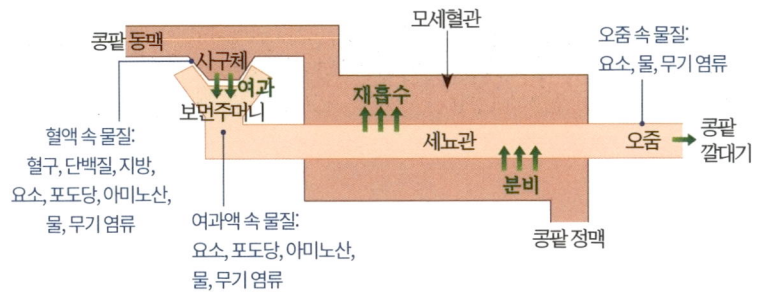

그림 3-17　오줌이 만들어지는 과정

하며, 필요 없기 때문에 세뇨관을 통해 오줌으로 나가도록 '분비'할 겁니다. 그래서 세뇨관을 둘러싸고 있는 모세혈관이 진짜 내 몸이라는 것을 알 수 있죠. 앞서 호르몬이 분비된 혈관은 내 것이고 음식물이 지나가는 통로인 소화관은 내 것이 아니라고 한 것처럼요.

생명과학을 공부할 때면 신기한 내용이 많지만 머리도 아파요. 외워야 할 개념 수가 너무 많거든요. '나에 대해 알 수 있으니 모두 소중한 내 것'이라는 생각으로 애정을 가져보는 게 어떨까요? 우리 몸에 대한 무지의 상태에서 벗어나 하나씩 알아가는 재미에 빠져보세요. 나를 힘들게 하던 과학 개념들이 반가울 때가 있을 겁니다.

생명(生命) 개념표

생태계(生態系)

- **생태계**(生態系, 날 생, 모양 태, 묶을 계)
- **생산자**(生産者, 날 생, 생산할 산, 놈 자)
  소비자(消費者, 사라질 소, 쓸 비, 놈 자)
  분해자(分解者, 나눌 분, 풀 해, 놈 자)
- **생태계 평형**(生態系平衡, 날 생, 모양 태, 묶을 계, 평평할 평, 고를 형)

- **변이**(變異, 변할 변, 다를 이)
- **생물 다양성**(生物多樣性, 날 생, 만물 물, 많을 다, 모양 양, 성질 성)
- **남획**(濫獲, 지나칠 람(남), 얻을 획)
- **외래종 유입**(外來種流入, 바깥 외, 올 래, 씨 종, 흐를 류(유), 들 입)
- **서식지 파괴**(棲息地破壞, 살 서, 쉴 식, 땅 지, 깨뜨릴 파, 무너질 괴)
- **환경 오염**(環境汚染, 고리 환, 경계 경, 더러울 오, 물들 염)

생물의 분류(分類)

- **계통**(系統, 묶을 계, 거느릴 통), **계통수**(系統樹, 묶을 계, 거느릴 통, 나무 수)
- **계통분류**(系統分類, 묶을 계, 거느릴 통, 나눌 분, 무리 류)
  동물계(動物界, 움직일 동, 만물 물, 경계 계)
  식물계(植物界, 심을 식, 만물 물, 경계 계)
  균계(菌界, 버섯 균, 경계 계)
  원생생물계(原生生物界, 근원 원, 날 생, 날 생, 만물 물, 경계 계)
  원핵생물계(原核生物界, 근원 원, 핵심 핵, 날 생, 만물 물, 경계 계)
- 분류 계급 : 종(種)<속(屬)<과(科)<목(目)<강(綱)<문(門)<계((界)

동물(動物)

구성 단계 (構成 段階)	· **세포**(細胞, 가늘 세, 세포 포), **조직**(組織, 짤 조, 짤 직) **기관**(器官, 기관 기, 벼슬 관), **기관계**(器官系, 기관 기, 벼슬 관, 묶을 계) **개체**(個體, 낱 개, 몸 체)

소화 (消化)	· **영양소**(營養素, 경영할 영, 기를 양, 바탕 소), **에너지원**(energy源, 근원 원) **탄수화물**(炭水化物, 숯 탄, 물 수, 될 화, 만물 물) **단백질**(蛋白質, 새알 단, 흰 백, 바탕 질), **지방**(脂肪, 기름 지, 기름 방) **무기염류**(無機鹽類, 없을 무, 틀 기, 소금 염, 무리 류), **바이타민, 물** · **소화**(消化, 사라질 소, 될 화), **소화계**(消化系, 사라질 소, 될 화, 묶을 계) · **입, 식도**(食道, 음식 식, 길 도), **위**(胃, 밥통 위) **소장**(小腸, 작을 소, 창자 장), **대장**(大腸, 큰 대, 창자 장) **간**(肝, 간 간), **이자**(胰子, 이자 이, 접미사 자), **쓸개** · **소화효소**(消化酵素, 사라질 소, 될 화, 삭힐 효, 바탕 소) **아밀레이스, 엿당**(엿糖, 엿 당), **포도당**(葡萄糖, 포도 포, 포도 도, 엿 당) **펩신, 트립신, 아미노산**(amino酸, 실 산) **라이페이스, 쓸개즙**(쓸개汁, 즙 즙) **지방산**(脂肪酸, 기름 지, 기름 방, 실 산), **모노글리세리드** · **융털**(絨털, 가는 베 융), **암죽관**(암粥管, 죽 죽, 대롱 관)
순환 (循環)	· **순환**(循環, 돌 순, 고리 환), **순환계**(循環系, 돌 순, 고리 환, 묶을 계) · **심장**(心臟, 심장 심, 오장 장), **혈압**(血壓, 피 혈, 누를 압) **심실**(心室, 심장 심, 집 실), **심방**(心房, 심장 심, 방 방), **판막**(瓣膜, 꽃잎 판, 막 막) · **동맥**(動脈, 움직일 동, 혈맥 맥), **정맥**(靜脈, 고요할 정, 혈맥 맥) **모세혈관**(毛細血管, 털 모, 가늘 세, 피 혈, 대롱 관) · **온몸순환**(온몸循環, 돌 순, 고리 환) **폐순환**(肺循環, 허파 폐, 돌 순, 고리 환)
	· **혈액**(血液, 피 혈, 진액 액), **혈구**(血球, 피 혈, 공 구), **혈장**(血漿, 피 혈, 즙 장) · **적혈구**(赤血球, 붉을 적, 피 혈, 공 구), **헤모글로빈** **산소운반 작용**(酸素運搬 作用, 실 산, 바탕 소, 옮길 운, 옮길 반, 행할 작, 행할 용) · **백혈구**(白血球, 흰 백, 피 혈, 공 구) **식균작용**(食菌作用, 먹을 식, 세균 균, 행할 작, 행할 용) · **혈소판**(血小板, 피 혈, 작을 소, 널빤지 판) **혈액응고 작용**(血液凝固 作用, 피 혈, 진액 액, 엉길 응, 굳을 고, 행할 작, 행할 용)
호흡 (呼吸)	· **호흡**(呼吸, 내쉴 호, 숨 들이쉴 흡) **호흡계**(呼吸系, 내쉴 호, 숨 들이쉴 흡, 묶을 계) · **기관**(氣管, 공기 기, 대롱 관), **기관지**(氣管枝, 공기 기, 대롱 관, 가지 지)

	· 폐(肺, 허파 폐), **폐포**(肺胞, 허파 폐, 세포 포) **흉강**(胸腔, 가슴 흉, 속빌 강), **갈비뼈**, **가로막**(가로膜, 막 막) · 들숨, 날숨
	· 세포 호흡(細胞呼吸, 가늘 세, 세포 포, 내쉴 호, 숨 들이쉴 흡)

배설
(排泄)
	· 배설(排泄, 밀어낼 배, 없앨 설), **배설계**(排泄系, 밀어낼 배, 없앨 설, 묶을 계)
	· 노폐물(老廢物, 오래될 로(노), 못 쓰게 될 폐, 만물 물)
	· **콩팥**, **콩팥동맥**(콩팥動脈, 움직일 동, 혈맥 맥)
	  콩팥정맥(콩팥靜脈, 고요할 정, 혈맥 맥)
	  콩팥 겉질(콩팥겉質, 바탕 질), **콩팥 속질**(콩팥속質, 바탕 질), **콩팥 깔때기**
	· **오줌관**(오줌管, 대롱 관), **방광**(膀胱, 오줌통 방, 오줌통 광)
	· 요도(尿道, 오줌 뇨(요), 길 도)
	· **네프론**, **사구체**(絲球體, 실 사, 공 구, 물질 체), **보먼주머니**(Bowman주머니)
	· **세뇨관**(細尿管, 가늘 세, 오줌 뇨, 대롱 관)
	· 여과(濾過 거를 려(여), 지날 과), **재흡수**(再吸收, 다시 한번 재, 마실 흡, 거둘 수)
	  분비(分泌, 나눌 분, 분비할 비)

자극 (刺戟)**과** **반응** (反應)	· 감각(感覺, 느낄 감, 깨달을 각) · 감각기관(感覺器官, 느낄 감, 깨달을 각, 기관 기, 벼슬 관)

	· 눈, 시각(視覺, 볼 시, 깨달을 각)
	· **시각 세포**(視覺細胞, 볼 시, 깨달을 각, 가늘 세, 세포 포)
	· **시각 신경**(視覺神經, 볼 시, 깨달을 각, 정신 신, 길 경)
	· **각막**(角膜, 뿔 각, 막 막), **수정체**(水晶體, 물 수, 밝을 정, 물질 체)
	  유리체(琉璃體, 유리 류(유), 유리 리, 물질 체), **망막**(網膜, 그물 망, 막 막)
	  동공(瞳孔, 눈동자 동, 구멍 공), **홍채**(虹彩, 무지개 홍, 채색 채)
	  황반(黃斑, 누를 황, 얼룩 반), **맹점**(盲點, 눈멀 맹, 점 점)
	· 근시(近視, 가까울 근, 볼 시), 원시(遠視, 멀 원, 볼 시)

	· 귀, 청각(聽覺, 들을 청, 깨달을 각) · **청각 세포**(聽覺細胞, 들을 청, 깨달을 각, 가늘 세, 세포 포) · **청각 신경**(聽覺神經, 들을 청, 깨달을 각, 정신 신, 길 경)

자극
(刺戟)**과**
반응
(反應)
	· **평형 감각**(平衡感覺, 평평할 평, 고를 형, 느낄 감, 깨달을 각)
	· **귓바퀴, 외이도**(外耳道, 바깥 외, 귀 이, 길 도), **고막**(鼓膜, 두드릴 고, 막 막)
	  귓속뼈, 달팽이관(달팽이管, 대롱 관), **반고리관**(半고리管, 반 반, 대롱 관)
	  전정기관(前庭器官, 앞 전, 장소 정, 기관 기, 벼슬 관)

	· **피부감각**(皮膚感覺, 가죽 피, 살갗 부, 느낄 감, 깨달을 각) · **감각점**(感覺點, 느낄 감, 깨달을 각, 점 점) · **감각 신경**(感覺神經, 느낄 감, 깨달을 각, 정신 신, 길 경)
	· **혀, 미각**(味覺, 맛 미, 깨달을 각) · **미각 신경**(味覺神經, 맛 미, 깨달을 각, 정신 신, 길 경) · **맛봉오리, 맛세포**(맛細胞, 가늘 세, 세포 포)
	· **코, 후각**(嗅覺, 맡을 후, 깨달을 각) · **후각 세포**(嗅覺細胞, 맡을 후, 깨달을 각, 가늘 세, 세포 포) · **후각 신경**(嗅覺神經, 맡을 후, 깨달을 각, 정신 신, 길 경)

	· **신경계**(神經系, 정신 신, 길 경, 묶을 계)
	  중추 신경계(中樞神經系, 가운데 중, 근원 추, 정신 신, 길 경, 묶을 계)
	  말초 신경계(末梢神經系, 끝 말, 말단 초, 정신 신, 길 경, 묶을 계)
	· **대뇌**(大腦, 큰 대, 뇌 뇌), **중간뇌**(中間腦, 가운데 중, 사이 간, 뇌 뇌)
	  간뇌(間腦, 사이 간, 뇌 뇌), **소뇌**(小腦, 작을 소, 뇌 뇌)
	  연수(延髓, 늘일 연, 골수 수), **척수**(脊髓, 등마루 척, 골수 수)
	· **뉴런**(=신경세포(神經細胞), 정신 신, 길 경, 가늘 세, 세포 포)
	  감각신경세포(感覺神經細胞=감각뉴런, 느낄 감, 깨달을 각, 정신 신, 길 경, 가늘 세, 세포 포)
	  연합신경세포(聯合神經細胞=연합뉴런, 연결할 련(연), 합할 합, 정신 신, 길 경, 가늘 세, 세포 포)
	  운동신경세포(運動神經細胞=운동뉴런, 옮길 운, 움직일 동, 정신 신, 길 경, 가늘 세, 세포 포)
	· **의식적 반응**(意識的反應, 뜻 의, 알 식, 과녁 적, 돌이킬 반, 응할 응)
	· **조건 반사**(條件反射, 가지 조, 조건 건, 돌이킬 반, 쏠 사)
	  무조건 반사(無條件反射, 없을 무, 가지 조, 조건 건, 돌이킬 반, 쏠 사)

	· **항상성**(恒常性, 항상 항, 일정할 상, 성질 성) · **내분비샘**(內分泌샘, 안 내, 나눌 분, 분비할 비)-호르몬 　**뇌하수체**(腦下垂體, 골 뇌, 아래 하, 드리울 수, 몸 체)-생장 호르몬, **갑상샘**(甲狀샘, 갑옷 갑, 모양 상)-티록신, **부신**(副腎, 버금 부, 콩팥 신)-아드레날린, **이자**(胰子, 이 자 이, 접미사 자)-인슐린·글루카곤, **정소**(精巢, 정할 정, 집 소)-테스토스테론, **난소**(卵巢, 알 란(난), 집 소)-에스트로겐 · **외분비샘**(外分泌샘, 바깥 외, 나눌 분, 분비할 비)
생식 (生殖)**과** **유전** (遺傳)	· **염색체**(染色體, 물들 염, 색채 색, 물질 체) · **유전자**(遺傳子, 남길 유, 전할 전, 아들 자), DNA · **상동염색체**(相同染色體, 서로 상, 같을 동, 물들 염, 색채 색, 물질 체) · **대립유전자**(對立遺傳子, 마주할 대, 존재할 립, 남길 유, 전할 전, 아들 자) · **염색분체**(染色分體, 물들 염, 색채 색, 나눌 분, 물질 체)
	· **세포분열**(細胞分裂, 가늘 세, 세포 포, 나눌 분, 쪼갤 렬(열)) · **물질 교환**(物質交換, 만물 물, 바탕 질, 서로 교, 바꿀 환) · **체세포**(體細胞, 몸 체, 가늘 세, 세포 포) · **체세포분열**(體細胞分裂, 몸 체, 가늘 세, 세포 포, 나눌 분, 쪼갤 렬(열)) · **모세포**(母細胞, 어머니 모, 가늘 세, 세포 포), **딸세포**(딸細胞, 가늘 세, 세포 포) · **전기**(前期, 앞 전, 기간 기), **중기**(中期, 가운데 중, 기간 기) 　**후기**(後期, 뒤 후, 기간 기), **말기**(末期, 끝 말, 기간 기) · **세포질분열**(細胞質分裂, 가늘 세, 세포 포, 바탕 질, 나눌 분, 쪼갤 렬(열))
	· **생식**(生殖, 날 생, 번식할 식) 　**유성생식**(有性生殖, 있을 유, 성 성, 날 생, 번식할 식) 　**무성생식**(無性生殖, 없을 무, 성 성, 날 생, 번식할 식) · **생식세포**(生殖細胞, 날 생, 번식할 식, 가늘 세, 세포 포) · **생식세포분열**(生殖細胞分裂=감수분열, 날 생, 번식할 식, 가늘 세, 세포 포, 나눌 분, 쪼갤 렬(열)) · **수정**(受精, 받을 수, 정할 정), **수정란**(受精卵, 받을 수, 정할 정, 알 란) · **난할**(卵割, 알 란(난), 나눌 할), **발생**(發生, 일어날 발, 날 생)
	· **유전**(遺傳, 남길 유, 전할 전), **형질**(形質, 모양 형, 바탕 질) · **대립형질**(對立形質, 마주할 대, 존재할 립, 모양 형, 바탕 질) · **표현형**(表現型, 겉 표, 나타날 현, 모형 형)

유전자형(遺傳子型, 남길 유, 전할 전, 아들 자, 모형 형)

· 순종(純種, 순수할 순, 씨 종), 잡종(雜種, 섞일 잡, 씨 종)

· 우성(優性, 넉넉할 우, 성질 성), 열성(劣性, 적을 렬(열), 성질 성)

· 자가수분(自家受粉, 스스로 자, 집 가, 받을 수, 가루 분)

타가수분(他家受粉, 다를 타, 집 가, 받을 수, 가루 분)

· 우열의 원리(優劣의 原理, 넉넉할 우, 적을 렬(열), 근원 원, 이치 리)

분리의 법칙(分離의 法則, 나눌 분, 가를 리, 법 법, 법칙 칙)

독립의 법칙(獨立의 法則, 홀로 독, 설 립, 법 법, 법칙 칙)

· 가계도(家系圖, 가족 가, 연결할 계, 그림 도)

식물(植物)	
구성 단계 (構成 段階)	· 세포(細胞, 가늘 세, 세포 포), 조직(組織, 짤 조, 짤 직) 조직계(組織系, 짤 조, 짤 직, 묶을 계), 기관(器官, 기관 기, 벼슬 관) 개체(個體, 낱 개, 몸 체)
구조 (構造)	· 잎, 줄기, 꽃, 뿌리, 열매 · 암술, 수술, 꽃밥, 꽃가루, 씨방(씨房, 방 방), 밑씨 · 물관(물管, 대롱 관), 체관(체管, 대롱 관), 관다발(管다발, 대롱 관) · 울타리조직(울타리組織, 짤 조, 짤 직) 해면조직(海綿組織, 바다 해, 솜 면, 짤 조, 짤 직)
작용 (作用)	· 광합성(光合成, 빛 광, 합할 합, 이룰 성) · 엽록체(葉綠體, 잎 엽, 초록빛 록, 몸 체) 엽록소(葉綠素, 잎 엽, 초록빛 록, 바탕 소) · 포도당(葡萄糖, 포도 포, 포도 도, 엿 당), 녹말(綠末, 푸를 록(녹), 끝 말) · 증산 작용(蒸散作用, 증발할 증, 흩을 산, 행할 작, 행할 용) · 표피(表皮, 겉 표, 껍질 피), 기공(氣孔, 공기 기, 구멍 공) 공변세포(孔邊細胞, 구멍 공, 가장자리 변, 가늘 세, 세포 포) · 호흡(呼吸, 내쉴 호, 숨 들이쉴 흡)
세포 분열 (細胞分裂)	· 생장(生長, 날 생, 길 장), 재생(再生, 다시 재, 날 생) · 형성층(形成層, 모양 형, 이룰 성, 층 층)

5

책상 위 그 물체가 보이나요?

이제는 살아 있는 생물이 아닌 무생물에 관심을 가져볼까 해요. 이를 테면 책상 위에 놓여 있는 어떤 물체를 본다고 가정한 다음, 그 물체를 이루는 '물질'을 자세히 보는 거죠. 물체와 물질에 대한 개념표는 특정 한자나 한자어로 묶어두었기 때문에, 물화생지 속 여러 개념이 함께 나온답니다. 꼭 물리학이나 화학과 관련된 개념만 나오진 않아요.

여러 가지 '물체'와 '물체의 운동'을 파악해요

'물체'라는 한자에서 출발해서 교과서에 나오는 모든 기계를 모아봤어요. 단순한 도구를 가리키는 기계(器械)가 모이면, 동력을 써서 움직이는 기계(機械)가 되구요. 이 기계(機械)는 우리를 노동으로부터 자유롭게

물체 (物體)	물체(物體)	· 체(體, 물체 체), 경(鏡, 거울 경)
	기계(器械)	· 기(器, 그릇 기)
	기계(機械)	· 기(機, 기계 기), 효율(效率)-률(率, 비율 률)
	계기(計器)	· 계(計, 셀 계)
물체의 운동 (運動)		· 운동(運動, 옮길 운, 움직일 동) ↔ 정(靜, 고요할 정) · 속(速, 빠를 속), 류(流, 흐를 류) · 회(回, 돌아올 회), 전(轉, 회전할 전) · 순환(循環, 돌다 순, 고리 환) · 파(波, 물결 파) · 주(週, 돌 주), 기(期, 기간 기)
		· 방향(方向, 방향 방, 향할 향)
물체 사이의 상호작용 (相互作用)		· 힘[力]-합성(合成), 합력(合力), 분해(分解), 평형(平衡) · 작용(作用), 반작용(反作用)
		· 전기력(電氣力), 자기력(磁氣力), 그 외
에너지		· 일, 에너지 · (중력에 의한) 위치 에너지(位置energy), 운동 에너지(運動 energy), 역학적 에너지(力學的energy) · 전기 에너지, 열에너지, 빛에너지, 소리 에너지, 화학 에너지 · 에너지 전환(energy轉換), 에너지 보존(energy保存)
열(熱)		· 온도(溫度) · 전도(傳導), 대류(對流), 복사(輻射) · 열평형(熱平衡), 비열(比熱), 열팽창(계수)(熱膨脹)

표 3-4 　물체를 공부하기 위한 개념 요약표

해주기 때문에 '효율'이 중요합니다. 넓은 의미로 기계(器械)에 속하지만, 정확히는 '계기(計器)'라고 불리는 도구들도 있어요. 한자 그대로 무언가를 '세기 위한 그릇'인데요. 크기와 양을 측정하는 기계니까 '숫자'

엄띵이 쌤의 세 가지 맛 과학 공부법 ·

가 함께 떠오르면 좋겠어요.

물체의 운동에 이어 다른 물체와의 상호작용인 '힘'에 대해 정리했어요. '힘!' 하면 떠오르는 일과 함께 에너지, 열의 순서로 담아봤어요. 요약된 표 3-4를 먼저 보고 개념표로 넘어가주세요. (표를 보니 '효율'에서 한자 '비율 률(率)'이 '율'로 적혀 있네요. 앞서 나왔던 '두음 법칙' 기억하죠? 모음이나 'ㄴ' 받침 뒤에서는 '율'로 적어요.)

과학에서 '운동'은 '시간에 따라 물체의 위치가 변하는 것'이라고 정의해요. 운동하는 물체가 있다면 운동하지 않는 물체도 있겠죠. (가끔은 0과 1처럼 컴퓨터 언어와 같은 접근이 필요해요. on/off처럼요.) 그래서 한자 '고요할 정(靜)'도 실어봤어요. 운동을 하면 빠르기가 나오니 속력과 속도도 빠르게 한번 짚고 넘어가구요. 눈에 보이지 않는 전하의 '흐름'과 해수의 '흐름', 공기의 '흐름'도 '흐를 류(流)'로 묶어두었습니다.

운동하는 물체가 관측자의 시야를 벗어나는 경우도 있지만, 처음 위치로 다시 돌아오기도 해요. 그래서 '회전'과 '순환'에 대해 공부합니다. (마지막에 있는 '물의 순환'과 '탄소의 순환'은 지구계를 이루는 각 요소들 사이의 상호작용으로, 중요한 내용이에요.) 다음으로 물체가 직접 이동하는 것은 아니지만, 매질의 진동과 관련된 '파동'을 보구요. 파동 개념은 매질이 한 번 진동하는 데 걸리는 시간인 '주기'와 연결될 거예요. 속도와 힘은 크기와 함께 방향도 있으니, 방향을 끝으로 물체의 운동을 마무리할까 봐요.

'시간'은 과학에서 중요한 물리량이에요

물체의 운동이 나왔으니 강조할 물리량이 하나 있어요. 바로 '시간'입니다. (물리량이란, 물질의 성질이나 상태를 나타내는 양으로 물리학에만 나오는 게 아니에요. 대표적인 물리량에는 길이, 시간, 질량, 힘, 에너지, 전기장, 자기장 등이 있어요.) '주기'처럼 개념 자체가 시간인 것도 있구요. (주기의 단위는 당연히 시간 단위지요. 우리나라 조석 주기가 대략 12시간 25분 정도랍니다.) 기본적으로 '시간의 흐름'을 떠올려야 하는 개념도 있어요. 물리학에서 나오는 다중섬광사진과 시간기록계에 찍힌 타점이 그렇죠. 시간-이동거리, 시간-속력 그래프는 말할 것도 없구요. 일정 시간 동안 사용한 전기 에너지의 양을 뜻하는 '전력량'도 마찬가지입니다.

화학에도 x축이 '시간'인 그래프가 있어요. 상태 변화와 관련된 '가열·냉각곡선'과 온도가 다른 두 물체가 만나 '열평형' 상태를 이루는 그래프가 이에 해당해요. 고등학교에서는 화학 반응도 그래프로 공부하게 될 텐데요. 시간에 따른 반응물과 생성물의 농도변화를 통해 '화학 평형' 상태도 배우게 되죠. 시간이 지나면 '평형 상태'가 찾아오는 듯 보이네요. 성격이 달라서 어색했던 두 친구가 만나 평화로운 관계가 되기까지 어느 정도의 시간이 필요한 것처럼 말이죠.

생명과학에서는 시간에 따른 '순서'나 '과정'을 자주 보게 될 거예요. 온몸순환과 폐순환의 경로를 순서대로 익혀야 함은 물론이구요. 결국 두 순환이 연결된다는 것도 알게 되죠. 또 염색체의 모양과 행동에 따라 구분되는 체세포분열도 과정이 중요합니다. 정자와 난자가 만들어지는

엄떵이 쌤의 세 가지 맛 과학 공부법·

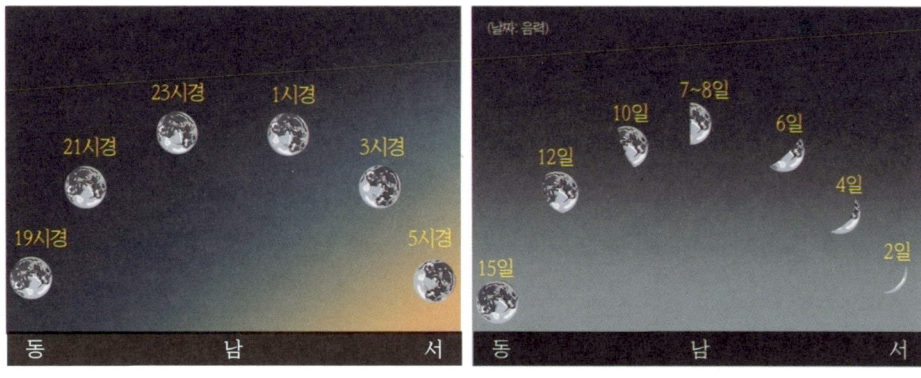

그림 3-18 음력 15일 시간별 보름달의 모습, 해가 진 직후 관측한 달의 모습

생식세포분열과 그 과정을 비교하면서 공부해보세요.

드디어 지구과학과 시간의 만남이에요. 과학에서 '운동'이 나오면 '시간'을 떠올릴 수 있어야 합니다. 하루를 주기로 한 일주운동과 일 년을 주기로 한 연주운동, 또 연주시차에서는 6개월이라는 시간을 떠올려주세요. 이제 시간과 함께하는 두 그림을 소개합니다.

그림 3-18에서 두 그림의 가장 큰 차이를 찾아보세요. 왼쪽은 보름달만, 오른쪽은 다양한 모양의 달이 보이네요. 또 왼쪽에는 시간이, 오른쪽에는 음력 날짜가 써 있어요. 왼쪽 그림은 음력 15일로 같은 날짜에, 보름달이 동쪽 하늘에 떠서 서쪽 하늘에 질 때까지의 모습을 나타낸 거구요. 오른쪽 그림은 해당 음력 날짜에 해가 진 직후(대략 오후 6시경) 달의 위상을 나타낸 거예요. (변인통제가 생각나면 좋겠어요.) 오른쪽 그림에서 15일의 보름달만 남겨둔 채, 시간이 지나면 왼쪽 그림이 되는 거죠. 결국 왼쪽은 달의 일주운동을, 오른쪽은 달이 지구 주위를 공전하는 모습을 나타낸 거예요.

'힘', '일'과 '에너지'의 관계를 이해해봐요

달이 지구 주위를 공전하려면 '힘'이 필요해요. 그 원동력이 바로 지구와 달 사이의 만유인력입니다. 이외에도 '물체 사이의 상호작용'에서 여러 가지 힘에 대해 알아볼 텐데요. '전기력'과 '자기력'이 많은 비중을 차지하네요.

어떤 물체에 힘이 작용하여 힘의 방향으로 물체가 이동할 때 '힘이 물체에 일을 한다'고 표현해요. 그래서 힘과 일은 밀접한 관련이 있어요. 물체가 이동하면 이동한 거리가 나올 테니, 이동한 거리에 따라 일의 크기도 달라지는 겁니다. 결국 일의 크기는 힘의 크기와 이동 거리에 의해 결정되는 거죠.

일을 하면 에너지가 생기는데요. "일을 하면 에너지는커녕 오히려 피곤해지기만 하는 걸요?"라고 말하는 친구가 있겠군요. 과학에서 일의 정의가 일상생활에서의 정의와 다르기도 하구요. 일상생활에서는 일을 한 사람과 피곤한 사람이 같아서 그래요. 그래서 과학을 공부할 때 주체와 그 대상을 분명하게 하는 것이 중요해요. 일을 한 주체와 에너지가 생긴 대상을 구분해보자구요. 내가 물체를 바닥에서 책상 면만큼 들어올리는 일을 하면, 이 일이 물체의 위치 에너지로 전환되는 겁니다. 어때요? 이해되나요?

한편, 전환된 에너지는 다시 일을 할 수 있어요. 그래서 에너지를 '일을 할 수 있는 능력'이라고 정의해요. 결국 일과 에너지는 서로 전환되는 관계랍니다. 그래서 단위도 J(줄)로 같죠. 에너지는 형태에 따라 다양하

엄띵이 쌤의 세 가지 맛 과학 공부법 ·

게 나뉘는데요. 물체의 운동 상태에 따라 높은 곳에 있는 물체가 갖는 위치 에너지와 움직이는 물체가 갖는 운동 에너지가 있구요. 전자의 이동과 관련된 전기 에너지, 열이나 빛의 형태로 존재하는 열에너지, 빛에너지도 있어요.

또 에너지는 다른 형태로 '전환'되기 때문에 전체 에너지의 총량이 '보존'됩니다. (전환되니까 보존되는 거지요. 단어의 순서도 중요하단 말씀! '에너지 전환과 보존'이 한 단어처럼 다가오네요.) 예를 들어 물체가 자유 낙하할 때 위치 에너지가 운동 에너지로 전환되기 때문에, 둘의 합인 역학적 에너지는 보존되죠. 물론 공기 저항이나 마찰이 없을 때 그렇지만요.

다른 형태로 전환이 쉬운 전기 에너지를 통해서도 에너지가 보존됨을 알 수 있어요. 헤어드라이어에 공급된 전기 에너지가 바람을 만들기 위한 모터의 운동 에너지, 열에너지와 소리 에너지로 전환되죠. 이때 전체 에너지는 보존되구요. (내가 받은 세뱃돈이 엄마에게 고스란히 전달되니 전체 금액은 보존되지만 일부가 나에게로 돌아오지 않는다는 사실이 슬플 뿐인 거죠. 헤어드라이어에서 전환된 에너지 중 다시 사용할 수 없는 열에너지와 소리 에너지도 생각해봐야겠어요.)

어린 시절을 돌아보면 저에겐 동네 뒷길만큼이나 재미있는 놀이터가 또 있었어요. 내 키보다 큰 갈대밭 옆 잔잔한 강물이 흐르는 모래밭이었죠. 저와 사촌 동생이 부러진 나무를 열심히 날라오면, 오빠들이 돋보기와 종이를 이용해 불을 만들고 고구마를 구워 먹었어요. 가끔은 라면을 먹기 위해 양은 냄비도 준비해 갔지요. 생각해보니 열전달 방법을 익혔던 거였네요. 손대기도 어려웠던 뜨거운 냄비, 라면을 익히는 냄비 속

물, 불에 익은 고구마를 통해서 말이죠. 그때는 노는 것만으로도 즐거웠는데, 지나고 보니 작은 추억들 속에 과학이 숨어 있었네요.

세상을 단위로 읽을 수 있어요

우리가 '단위'의 세상 속에 살고 있다는 거 알아요? 떨리는 마음으로 올라가보는 저울 속 내 몸무게, 공룡 발보다 아담한 내 발을 감싸주는 운동화, 수업 시간에 자꾸만 쳐다보게 되는 교실 벽시계 속에도 단위가 숨어 있어요.

1999년 미 항공우주국(NASA)의 '화성 기후 궤도선'이 궤도 진입을 앞두고 추락한 사건이 있었는데요. 바로 단위의 혼용 때문이었죠. NASA에서는 SI 단위를, 궤도선을 제작한 업체에서는 야드-파운드법(SI 단위와 다르게 길이의 단위로 야드(yd), 무게의 단위로 파운드(lb) 등을 쓰는 영국 고유의 단위계입니다. 현재 미국에서 통용되고 있구요.)을 사용하다 보니 예측에 실패한 거죠. 단위의 통일이 얼마나 중요한지 알겠죠? '도량형(度量衡) 통일'이라는 역사 속 왕의 업적을 통해서도 그 중요성을 알 수 있어요. (도량형은 길이·부피·무게 등을 측정하는 도구를 말해요.)

국제도량형총회에서 표준으로 채택한 '국제단위계(The International System of Units)'가 있어요. 줄여서 SI라고 부르는데요. 표 3-5에 있는 7개의 기본 단위를 'SI 기본 단위'라고 합니다.

엄띵이 쌤의 세 가지 맛 과학 공부법 ·

기본량	시간	길이	질량	전류	열역학 온도	물질량	광도
명칭	초	미터	킬로그램	암페어	켈빈	몰	칸델라
기호	s	m	kg	A	K	mol	cd

표 3-5 SI 기본 단위

기본 단위 외에, 부피 단위인 m^3(세제곱미터)나 속도 단위인 ms^{-1}(=m/s(미터 매 초))처럼 특별한 명칭이나 기호가 없는 유도 단위가 있다. (미터 매 초가 맞으나 미터 퍼 세크로 많이 쓴다.) 또 힘의 단위인 $kg\ m\ s^{-2}$(=N(뉴턴)), 일의 단위인 $kg\ m^2\ s^{-2}$(=J(줄))처럼 특별한 명칭과 기호를 갖는 유도 단위도 있다.

SI 접두어는 아주 작거나 큰 수를 효율적으로 표기하기 위해 단위 앞에 붙이는 것으로, 10의 거듭제곱을 지칭해요. 교과서에서 많이 만나게 될 SI 접두어에는 k(킬로, 10^3)와 c(센티, 10^{-2}), m(밀리, 10^{-3})가 있어요. (1000g=1kg이고, 1000mm=100cm=1m입니다.)

이제 기호에 대해 살펴볼게요. 기호는 물리량 자체를 나타내는 '양(量, quantity)의 기호'와 단위를 나타내는 '단위기호'로 나눌 수 있어요. '전류의 세기는 전압에 비례하고 저항에 반비례한다.'는 옴의 법칙을 다음과 같이 표현할 수 있어요.

$$\text{전류의 세기} = \frac{\text{전압}}{\text{저항}}, \quad I = \frac{V}{R}, \quad 1A = \frac{1V}{1\Omega}$$

전압, 전류, 저항의 관계를 나타내는 옴의 법칙

양(量)의 기호는 이탤릭체로 기울여 표기하고, 알파벳 그대로 읽는다. 단위기호는 직립형태로 똑바로 세워서 쓰고 고유한 방법대로 읽는다. 단위는 명칭과 기호로 구성되며 전압의 단위는 볼트(V), 전류의 단위는 암페어(A), 저항의 단위는 옴(Ω)이다.

첫 번째는 옴의 법칙을 공식 형태로 바꾼 것이고, 두 번째는 양(量)의 기호로 나타낸 겁니다. 마지막은 숫자와 단위기호를 함께 나타낸 것이구요. 문장을 공식으로 바꾸니 각 물리량의 관계가 단순하고 분명하게 더 잘 보여요. 또 양(量)의 기호와 단위기호 둘 다 만국 공통이라 너무 유용하구요. 단위기호가 빠진 숫자는 반쪽짜리이며, 마지막 예시는 다른 단위들 사이의 크기 관계를 말해줘요.

주어진 단위를 다르게 바꿀 수 있어요

물리량은 단위가 같아야 더하고 뺄 수 있어요. 그래서 다양한 단위로 주어진 값들을 비교하려면 '단위 환산'이 필수입니다. 예로 72km/h를 m/s로 환산해볼게요. 두 가지 방법 중 더 쉬운 방법을 택하면 되겠어요.

첫 번째는 '1'이 되는 값을 계속 곱하면서 원하는 단위를 끌어내는 방법이에요. (1은 무한정 곱해도 값에 영향을 주지 않으니까요.) 분자와 분모가 같아서 값이 1이 되는 분수꼴을 계속 곱해주는 거죠. 분모에 있는 1h를 없애기 위해 분자에 1h가 있고 값이 1이 되는 분수꼴을 곱해주고요. 마찬가지로 분자에 있는 1km를 없애기 위한 분수꼴을 또 곱해주는 거죠. 그러면 원하는 단위만 남게 됩니다. (이 방법이 익숙해지면 고등학교 화학에 나오는 '화학 반응의 양적관계'를 공부할 때 자신감이 생길 거예요.)

엄떵이 쌤의 세 가지 맛 과학 공부법 ·

$$\frac{72\text{km}}{1\text{h}} \times \frac{1\text{h}}{3600\text{s}} \times \frac{1000\text{m}}{1\text{km}} = 20\text{m/s}$$

두 번째는 대입하는 방법이에요. 1km 대신 1000m를, 1h 대신 3600s 를 대입하는 거죠. 첫 번째 방법은 곱셈으로 연결되지만, 이 방법은 대입하기 때문에 사이가 등호로 연결됩니다.

$$\frac{72\text{km}}{1\text{h}} = \frac{72 \times 1\text{km}}{1\text{h}} = \frac{72 \times 1000\text{m}}{3600\text{s}} = 20\text{m/s}$$

물체(物體) 개념표

		물체(物體)
물체 (物體)	체 (體, 물체 체)	· 도체(導體, 이끌 도, 물체 체) · 부도체(不導體, 아닐 불(부), 이끌 도, 물체 체) · 절연체(絕緣體, 끊을 절, 인연 연, 물체 체) · 반도체(半導體, 반 반, 이끌 도, 물체 체) · 대전체(帶電體, 띠 대, 전기 전, 물체 체)
	경 (鏡, 거울 경)	· 보안경(保眼鏡, 지킬 보, 눈 안, 거울 경) · 현미경(顯微鏡, 나타날 현, 작을 미, 거울 경) · 망원경(望遠鏡, 바라볼 망, 멀 원, 거울 경)
기계 (器械)	기 (器, 그릇 기)	· 검전기(檢電器, 검사할 검, 전기 전, 그릇 기) · 축전기(蓄電器, 모을 축, 전기 전, 그릇 기) · 변압기(變壓器, 변할 변, 누를 압, 그릇 기) · 점화기(點火器, 켤 점, 불 화, 그릇 기) · 분광기(分光器, 나눌 분, 빛 광, 그릇 기) · 채혈기(採血器, 채취할 채, 피 혈, 그릇 기) · 원심분리기(遠心分離器, 멀 원, 중심 심, 나눌 분, 가를 리, 그릇 기) · 측우기(測雨器, 잴 측, 비 우, 그릇 기) · 각도기(角度器, 각도 각, 정도 도, 그릇 기)
기계 (機械)	기 (機, 기계 기)	· 전동기(電動機, 전기 전, 움직일 동, 기계 기) · 발전기(發電機, 일어날 발, 전기 전, 기계 기)
	효율 (效率)	· 일률(일率, 비율 률) · 굴절률(屈折率, 굽을 굴, 꺾을 절, 비율 률) · 배율(倍率, 곱 배, 비율 률(율))
		· 시간기록계(時間記錄計, 때 시, 사이 간, 기록할 기, 기록할 록, 셀 계) · 초시계(秒時計, 분초 초, 때 시, 셀 계)

엄띵이 쌤의 세 가지 맛 과학 공부법·

계기 (計器)	계 (計, 셀 계)	· 지진계(地震計, 땅 지, 흔들릴 진, 셀 계) · 전류계(電流計, 전기 전, 흐를 류, 셀 계) · 전압계(電壓計, 전기 전, 누를 압, 셀 계) · 전기전도계(電氣傳導計, 전기 전, 기운 기, 전할 전, 이끌 도, 셀 계) · 온도계(溫度計, 따뜻할 온, 정도 도, 셀 계) · 열량계(熱量計, 열 열, 양 량, 셀 계) · 기압계(氣壓計, 공기 기, 누를 압, 셀 계) · 습도계(濕度計, 젖을 습, 정도 도, 셀 계) · 우량계(雨量計, 비 우, 양 량, 셀 계)

물체의 운동(運動)

운동 (運動, 옮길 운, 움직일 동)	· 운동(運動, 옮길 운, 움직일 동) · 일주운동(日週運動, 날 일, 돌 주, 옮길 운, 움직일 동) 연주운동(年週運動, 해 년(연), 돌 주, 옮길 운, 움직일 동) · 등속 직선 운동(等速直線運動, 같을 등, 빠를 속, 곧을 직, 선 선, 옮길 운, 움직일 동) · 등가속도 운동(等加速度運動, 같을 등, 더할 가, 빠를 속, 정도 도, 옮길 운, 움직일 동) · 자유낙하운동(自由落下運動, 스스로 자, 말미암을 유, 떨어질 락(낙), 아래 하, 옮길 운, 움직일 동)
정(靜, 고요할 정)	· 정전기(靜電氣, 고요할 정, 전기 전, 기운 기) · 정전기 유도(靜電氣誘導, 고요할 정, 전기 전, 기운 기, 꾈 유, 이끌 도)
속(速, 빠를 속)	· 속력(速力, 빠를 속, 힘 력), 속도(速度, 빠를 속, 정도 도) · 등속(等速, 같을 등, 빠를 속) · 가속도(加速度, 더할 가, 빠를 속, 정도 도)
류(流, 흐를 류)	· 전류(電流, 전기 전, 흐를 류) 직류(直流, 곧을 직, 흐를 류), 교류(交流, 바꿀 교, 흐를 류) · 해류(海流, 바다 해, 흐를 류) 난류(暖流, 따뜻할 난, 흐를 류), 한류(寒流, 찰 한, 흐를 류)

	· 대류(對流, 대할 대, 흐를 류)
	· 기류(氣流, 공기 기, 흐를 류)
	상승 기류(上昇氣流, 윗 상, 오를 승, 공기 기, 흐를 류)
	하강 기류(下降氣流, 아래 하, 내릴 강, 공기 기, 흐를 류)
회(回, 돌아올 회) **전**(轉, 회전할 전)	· 전기 회로(電氣回路, 전기 전, 기운 기, 돌아올 회, 길 로) · 자전(自轉, 스스로 자, 회전할 전), **공전**(公轉, 공평할 공, 회전할 전)
순환 (循環, 돌 순, 고리 환)	· 온몸순환(온몸循環, 돌 순, 고리 환) 폐순환(肺循環, 허파 폐, 돌 순, 고리 환) · 대기 대순환(大氣大循環, 큰 대, 공기 기, 큰 대, 돌 순, 고리 환) · 해양 대순환(海洋大循環, 바다 해, 큰 바다 양, 큰 대, 돌 순, 고리 환) · 암석의 순환(巖石의 循環, 바위 암, 돌 석, 돌 순, 고리 환) · 물의 순환, 탄소의 순환
파 (波, 물결 파)	· 파동(波動, 물결 파, 움직일 동), **파형**(波形, 물결 파, 모양 형) · 횡파(橫波, 가로 횡, 물결 파), **종파**(縱波, 세로 종, 물결 파) · 물결파(물결波, 물결 파) · 음파(音波, 소리 음, 물결 파) · 초음파(超音波, 뛰어넘을 초, 소리 음, 물결 파) · 지진파(地震波, 땅 지, 흔들릴 진, 파동 파)
주(週, 돌 주) **기**(期, 기간 기)	· 주기(週期, 돌 주, 기간 기) · 주기율표(週期律表, 돌 주, 기간 기, 법 률(율), 표 표) · 일주운동(日週運動, 날 일, 돌 주, 옮길 운, 움직일 동) 연주운동(年週運動, 해 년(연), 돌 주, 옮길 운, 움직일 동)

방향
(方向, 방향 방,
향할 향)
	· 방향(方向, 방향 방, 향할 향)
	  시계방향(時計方向, 때 시, 셀 계, 방향 방, 향할 향)
	  반시계방향(反時計方向, 돌이킬 반, 때 시, 셀 계, 방향 방, 향할 향)
	· 방위(方位, 방향 방, 자리 위)
	· 사방(四方, 넉 사, 방향 방)

물체 사이의 상호 작용(相互作用)		
힘[力, 힘 력]	· **힘의 단위** : N(뉴턴) · **힘의 합성**(合成, 합할 합, 이룰 성), **합력**(合力, 합할 합, 힘 력) · **힘의 분해**(分解, 나눌 분, 풀 해) · **힘의 평형**(平衡, 평평할 평, 고를 형) · **작용**(作用, 행할 작, 행할 용), **반작용**(反作用, 돌이킬 반, 행할 작, 행할 용)	

전기력
(電氣力)
	· **전기**(電氣, 전기 전, 기운 기), **전하**(電荷, 전기 전, 짊어질 하)
	· **마찰 전기**(摩擦電氣, 문지를 마, 문지를 찰, 전기 전, 기운 기)
	  정전기(靜電氣, 고요할 정, 전기 전, 기운 기)
	· **대전**(帶電, 띠 대, 전기 전)
	  대전체(帶電體, 띠 대, 전기 전, 물체 체)
	· **정전기유도**(靜電氣誘導, 고요할 정, 전기 전, 기운 기, 꾈 유, 이끌 도)
	· **전지**(電池, 전기 전, 연못 지), **전구**(電球, 전기 전, 공 구)
	  전선(電線, 전기 전, 줄 선)
	· **전기 회로**(電氣回路, 전기 전, 기운 기, 돌아올 회, 길 로)
	· **전류**(電流, 전기 전, 흐를 류), **단위** : A(암페어)
	· **전압**(電壓, 전기 전, 누를 압), **단위** : V(볼트)
	· **전기 저항**(電氣抵抗, 전기 전, 기운 기, 막을 저, 겨룰 항), **단위** : Ω(옴)
	· **옴의 법칙**
	· **전력**(電力, 전기 전, 힘 력), **단위** : W(와트)
	  소비 전력(消費電力, 사라질 소, 쓸 비, 전기 전, 힘 력)
	  전력량(電力量, 전기 전, 힘 력, 양 량), **단위** : Wh(와트시)
	  전기 에너지(電氣energy, 전기 전, 기운 기)
	· **전기력**(電氣力, 전기 전, 기운 기, 힘 력)
	  전기장(電氣場, 전기 전, 기운 기, 마당 장)
	  전기력선(電氣力線, 전기 전, 기운 기, 힘 력, 선 선)	

자기력 (磁氣力)	· **자기**(磁氣, 자석 자, 기운 기), **자성**(磁性, 자석 자, 성질 성) · **전자석**(電磁石, 번개 전, 자석 자, 돌 석) · **나침반**(羅針盤, 그물 라(나), 바늘 침, 소반 반), N극, S극 · **자기력**(磁氣力, 자석 자, 기운 기, 힘 력) **자기장**(磁氣場, 자석 자, 기운 기, 마당 장)	

	자기력선(磁氣力線, 자석 자, 기운 기, 힘 력, 선 선)

그 외	· **탄성력**(彈性力, 튀길 탄, 성질 성, 힘 력)
	· **마찰력**(摩擦力, 문지를 마, 문지를 찰, 힘 력)
	· **부력**(浮力, 뜰 부, 힘 력)
	· **중력**(重力, 무거울 중, 힘 력) =**무게**, 단위 : N(뉴턴)
	  (비교) **질량**, 단위 : kg(킬로그램), g(그램)
	· **만유인력**(萬有引力, 일만 만, 있을 유, 끌 인, 힘 력)
	· **공기저항력**(空氣抵抗力, 공중 공, 공기 기, 막을 저, 겨룰 항, 힘 력)
	· **인력**(引力, 끌 인, 힘 력), **척력**(斥力, 물리칠 척, 힘 력)
	· **구심력**(求心力, 모일 구, 중심 심, 힘 력)
	  원심력(遠心力, 멀 원, 중심 심, 힘 력)
	· **풍력**(風力, 바람 풍, 힘 력)
	· **원자력**(原子力, 근원 원, 접미사 자, 힘 력)

에너지(energy)

· **일, 에너지/일, 에너지의 단위 : J(줄)**
· **역학적 에너지**(力學的energy, 힘 력, 배울 학, 과녁 적)
  (중력에 의한) **위치 에너지**(位置energy, 자리 위, 둘 치)
  운동 에너지(運動energy, 옮길 운, 움직일 동)
· **전기 에너지**(電氣energy, 전기 전, 기운 기)
· **열에너지, 빛에너지, 소리 에너지, 화학 에너지**(化學, 될 화, 배울 학)
· **에너지 전환**(energy轉換, 구를 전, 바꿀 환)
  에너지 보존(energy保存, 지킬 보, 있을 존)

엄떵이 쌤의 세 가지 맛 과학 공부법 ·

열(熱)

- 온도(溫度, 따뜻할 온, 정도 도), 단위 : 섭씨온도(°C), 켈빈온도(K)
- 전도(傳導, 전할 전, 이끌 도)

  대류(對流, 대할 대, 흐를 류)

  복사(輻射, 바퀴살 복, 쏠 사)
- 열평형(熱平衡, 열 열, 평평할 평, 고를 형)
- 비열(比熱, 견줄 비, 열 열), 단위 : J/(kg·°C)
- 열팽창(계수)(熱膨脹, 더울 열, 부풀 팽, 늘어날 창)

6

물체를 이루는 물질까지 정리하면 '통과'예요

물질에서 출발해서 상태 → 모양 → 양 → 정도 → 구성 → 성질 → 변화 → 방향까지

드디어 물체를 이루는 '물질'로 넘어갑니다. 제일 먼저 물질의 '상태'와 '모양'이 보이겠죠. 흐르는지 아닌지, 모양이 둥근지 네모난지가 바로 보일 테니까요. 이제 더 가까이 가보세요. 물질이나 물질이 담긴 용기를 들어보면 무거운지 가벼운지도 알 수 있죠. 더 궁금하면 양을 직접 잴 수도 있을 거예요. 이것이 물질의 '양'입니다. 양부터는 숫자가 등장하기에 다른 물질과 값을 비교할 수도 있지요. 또 화학 반응할 때 반응비에도 영향을 주기 때문에 중요하구요.

이제 한자 '양 량(量)'을 많이 보게 될 거예요. 이 말은 분량이나 수량을 나타낼 때 사용되는데요. 한자어 뒤에서는 '량'으로, 한자어가 아닌

물질(物質)	· 물(物, 만물 물), 질(質, 바탕 질), 물질(物質)
상태(狀態)	· 고체(固體), 액체(液體), 기체(氣體)
모양(模樣)	· 형(形, 모양 형) · 구(球, 공 구), 관(管, 대롱 관), 세(細, 가늘 세) · 압(壓, 누를 압), 강(降, 내릴 강), 승(昇, 오를 승) · 할(割, 나눌 할), 편(偏, 치우칠 편), 절(折, 꺾을 절) · 접(接, 접촉할 접), 식(蝕, 좀먹을 식), 매(媒, 매개 매) · 분별(分別, 나눌 분, 나눌 별), 직렬(直列), 병렬(竝列) · 적(積, 쌓을 적), 층(層, 층 층) · 산(散, 흩을 산), 단(團, 집단 단)
양(量)	· 량(量, 양 량), 초(超, 뛰어넘을 초), 과(過, 지날 과)
정도(程度)	· 도(度, 정도 도) · 등(等, 같을 등), 차(差, 다를 차), 반(半, 반 반), 극(極, 다할 극) · 상(上, 윗 상), 하(下, 아래 하) · 고(高, 높을 고), 중(中, 가운데 중), 저(低, 낮을 저) · 불(不, 아닐 불), 비(非, 아닐 비)
구성(構成)	· 원(源, 근원 원), 원(原, 근원 원), 소(素, 바탕 소) · 조(造, 이룰 조), 자(子, 아들 자), 핵(核, 핵심 핵) · 균(均, 고를 균), 비(比, 비율 비)
성질(性質)	· 물질의 특성(特性) · 성(性, 성질 성), 약(藥, 약 약), 제(劑, 약제 제), 전하(電荷)
변화(變化)	· 물리 변화(物理變化), 화학 변화(化學變化)
방향(方向)	· 상(上, 윗 상), 하(下, 아래 하)

표 3-5　물질을 공부하기 위한 개념 요약표

엄띵이 쌤의 세 가지 맛 과학 공부법·

경우는 '양'으로 표기해요. 전하(電荷), 광합성(光合成), 수증기(水蒸氣) 모두 한자어라 전하량, 광합성량, 수증기량이라고 표기하구요. 고유어인 구름의 양을 나타낼 때는 '구름양'으로, 외래어일 때도 에너지(energy) 양처럼 '양'으로 표기해요. 그런데 구름이 한자 '구름 운(雲)'으로 바뀌면요? 그렇죠. '운량(雲量)'이 되는 겁니다.

'물질의 양' 외에 다른 값도 비교해보고 싶군요. 그래서 '정도'를 공부합니다. 과학 개념 중에 한자 '정도 도(度)'가 붙은 단어가 많아요. 모두 '~한 정도'로 해석하면 되구요. 예로 '밀도(密度)'는 '빽빽할 밀(密)', '정도 도(度)'를 한자 그대로 해석해 '빽빽한 정도'가 되죠. 빽빽한 정도가 크면 밀도가 크고, 그 '정도'는 당연히 숫자로 나올 겁니다. 그래서 '도(度)'가 붙은 과학 개념이 나오면 숫자와 단위를 함께 떠올려주세요.

다음으로 물질이 무엇으로 이루어져 있는지 '구성'에 대해 알아본 후 '성질'과 관련된 과학 개념을 만나볼 거예요. 성질을 배우고 나면 다른 물질과의 관계인 '변화'가 나옵니다. (다른 물질과의 관계는 아니지만, 물리 변화도 '변화'에서 함께 다뤄요.) 물질에서 출발해서 상태 → 모양 → 양 → 정도 → 구성 → 성질 → 변화로, 거기에 '방향'을 더해주면 '물질'도 안녕이네요. 물질의 분류 기준인 이 단어들은 화학을 공부할 때 자주 보게 될 거예요.

물질 개념표를 살펴볼 때도 그림과 그래프를 활용해보세요. 물질의 상태에 따른 입자 배열 모형을 그려보고, 모양에 나와 있는 한자에 맞는 간단한 그림도 그려보세요. '공 구(球)'에는 공 모양을, '대롱 관(管)'에는 기다란 튜브 모양을 그리면 되겠지요. 공식이 있는 과학 개념에는 공식과 함께 단위도 써보세요.

화학 공부를 위한 기본은 '주기율표'예요. 주기율표를 외우지 않고서는 공부할 수 없을 정도죠. 주기율표는 원소를 원자 번호와 화학적 성질을 기준으로 배열한 분류표인데요. 원소 이름의 앞글자만 따서 외우든 리듬을 더해 노래로 외우든 상관없으니 꼭 외워두기로 해요.

계와 주위 사이의 관계를 파악해봐요

태양계(太陽系)와 지구계(地球系), 생태계(生態系)와 여러 기관계(器官系)에서 계(系)가 나온 것처럼 화학에서도 계(系)를 정의해요. 바로 반응이 일어나는 영역을 가리키는데요. 이때 계를 제외한 나머지 영역을 '주위'라고 하구요. 계와 주위는 '경계'를 통해 물질이나 에너지가 출입할 수 있어요. (물질과 에너지의 출입 여부에 따라 열린계, 닫힌계, 고립계로 나눕니다.)

계와 주위 사이의 관계를 파악하면 반응이 일어날 때 출입하는 열에너지를 활용할 수 있어요. 이는 물리 변화의 예인 상태 변화에서도 가능한데요. 더운 여름날 도로에 물을 뿌리면 물이 기화하면서 열에너지를 흡수해 주위가 시원해져요. (무더운 여름날 버스 타이어가 터지기 전, 도로에 물을 뿌렸어야 하는데 말이죠.) 또 손난로를 흔들면 부직포 안에 있는 철가루가 공기 중의 산소와 반응할 때 주위로 열에너지를 방출해요. 그래서 손을 따뜻하게 할 수 있는 거죠. 이처럼 반응이 일어날 때 열에너지를 흡

엄띵이 쌤의 세 가지 맛 과학 공부법·

수하면 주위 온도가 낮아지고, 열에너지를 방출하면 주위 온도가 높아
지는 거예요.

이렇듯 화학에서 계와 주위는 명확하게 정해지기 마련이에요. 하지만
'나'라는 사람은 고유한 '계'이자 동시에 누군가에게 '주위'로 존재해요.
'나'라는 한 생명이 '나'로 존재할 수 있는 이유는요. 주위와 끊임없이 물
질과 에너지를 교환하기 때문인데요. 따뜻한 밥과 숨 쉴 때 필요한 공기,
여름날 내 몸속까지 시원하게 해주는 한 컵의 물 외에도 가족과 친구들
의 사랑 덕분이죠. 나 또한 그들에게 사랑이나 긍정 에너지까지 나눠줄
수 있는 여유가 있으면 좋겠네요.

기준이 되는 물리량으로 공식까지 이끌어내봐요

물리학과 화학에도 '기준'이 있어요. 공식에서 '분모'에 해당하는 물
리량인데요. 예로, 같은 시간에 멀리 이동한 물체의 속력이 빨라요. 같은
거리를 짧은 시간에 이동한 물체가 빠르구요. 자연스럽게 속력 공식이
연상될 텐데요. 이때 분모에 해당하는 시간이 '기준'이 됩니다. 기준이
되는 시간 앞에 '단위'를 붙여 '단위 시간 동안 이동한 거리'로 속력을 정
의해요. (속력을 '단위 시간당(當) 이동 거리'라고도 합니다.)

화학에서 가장 자주 만나게 될 물리량은 '질량'과 '부피'입니다. 둘은
물질의 특성이 아니지만, 둘을 조합한 밀도는 '물질의 특성'이에요. (물질
의 특성이란, 그 물질만이 나타내는 고유한 성질입니다.) 밀도는 물질의 종류

에 따라 값이 다르기 때문에, 밀도로 물질을 구별할 수 있어요.

　같은 부피 속에 입자가 많으면 더 빽빽하겠지요. (부피라는 단어가 어려울 때는 공간이라고 해석해보세요.) 또 같은 수의 입자가 큰 공간보다 작은 곳에 모여 있으면 더 빽빽해 보일 테구요. 그래서 밀도는 질량에 비례하고 부피에는 반비례하는 거예요. 그래서 기준이 되는 부피 앞에 '단위'를 붙여 '단위 부피당 질량'으로 밀도를 정의해요. 이때 '당'은 한자 '마땅 당(當)'으로 '마다'라는 뜻의 'per'(퍼)와 같아요. (속도 단위 m/s(미터 퍼 세크) 안에 있는 '퍼'가 새롭게 보일 거예요.)

　지구과학에서 배우는 기압도 마찬가지입니다. 기압은 '단위 넓이에 작용하는 공기의 힘'으로 정의해요. 넓이가 기준이라는 게 이제 보일 거예요. 또 'N(뉴턴)'과 'm²(제곱미터)'의 조합으로 만들어진 압력 단위 'Pa(파스칼)'과 함께 이들 사이의 크기 관계도 알 수 있네요.

$$\text{속력} = \frac{\text{이동거리}}{\text{시간}}, \quad \text{밀도} = \frac{\text{질량}}{\text{부피}}, \quad \text{기압} = \frac{\text{힘}}{\text{넓이}}$$

$$1\text{m/s} = \frac{1\text{m}}{1\text{s}}, \qquad 1\text{g/mL} = \frac{1\text{g}}{1\text{mL}}, \quad 1\text{Pa} = \frac{1\text{N}}{1\text{m}^2}$$

　어릴 적 강가에서 고구마를 구워 먹을 때, 평평한 돌을 스무 개 남짓 주워다 모래밭에 넓게 펼쳐 집도 만들었어요. 벽도 없는 돌집에 잠시 앉았다가 강가에서 재첩도 잡았죠. 생각해보니 그때 저는 열전달 방법 외에도 '비열'을 몸소 체험했네요. 재첩 잡을 때 무릎까지 오는 물살은 살랑살랑 다리를 간지럽혀 줬지만요. 재첩 잡다가 지쳐서 돌아가 돌집에

엄땡이 쌤의 세 가지 맛 과학 공부법·

살짝 누울 때면, 너무 뜨거워 자동으로 몸이 일으켜질 정도였지요.

같은 시간 동안 같은 양의 **햇빛**을 받아도, 물과 돌의 온도 변화가 달라요. 이는 물질의 특성인 '비열' 차이 때문인데요. 비열은 '어떤 물질 1kg의 온도를 1℃ 높이는 데 필요한 열량'으로 정의해요. 정의만 보고도 비열 공식을 끌어낼 수 있을까요? (비열(比熱)의 한자에 답이 있어요. 열량을 견주어보려면 기준이 되는 물질의 질량과 온도 변화로 나눠주면 되죠.)

같은 조건이라는 가정하에 물의 온도 변화가 돌보다 작아요. 그렇다면 물의 경우 같은 온도만큼 변하는 데 열량이 더 많이 필요하겠네요. '비열'의 정의 마지막 부분에서 '필요한 열량'이 보이죠? 그래서 물의 비열이 돌보다 큰 거예요. 덕분에 더운 여름날 해수욕과 모래찜질, 둘 다 즐길 수 있답니다.

개념 이해가 어렵다면 단위를 이용해도 좋아요. 비열의 단위가 J/(kg · ℃)이기 때문에 비열 공식은 아래와 같아요. 비열 또한 밀도처럼 '물질의 특성'이기 때문에 그 값만으로 물질을 구별할 수 있답니다. (온도 T 앞에 있는 기호(Δ)는 변화를 뜻하고, '델타'라고 읽구요. 단위의 곱은 점으로 연결해요.)

$$\text{비열} = \frac{\text{열량}}{\text{질량} \times \text{온도 변화}}, \quad c = \frac{Q}{m\Delta T}, \quad \text{단위: J/(kg} \cdot {}^\circ\text{C)}$$

물질(物質) 개념표

물질(物質)	

물
(物, 만물 물)
	· **화합물**(化合物, 될 화, 합할 합, 만물 물)
	· **반응물**(反應物, 돌이킬 반, 응할 응, 만물 물)
	  생성물(生成物, 날 생, 이룰 성, 만물 물)
	· **순물질**(純物質, 순수할 순, 만물 물, 바탕 질)
	  혼합물(混合物, 섞을 혼, 합할 합, 만물 물)
	· **유기물**(有機物, 있을 유, 틀 기, 만물 물)
	  무기물(無機物, 없을 무, 틀 기, 만물 물)
	· **대물렌즈**(對物lens, 대할 대, 만물 물)
	· **광물**(鑛物, 광석 광, 만물 물)

질 (質, 바탕 질)	· **질량**(質量, 바탕 질, 양 량), **매질**(媒質, 매개 매, 바탕 질)
물질 (物質)	· **물질**(物質, 만물 물, 바탕 질) · **물질대사**(物質代謝, 만물 물, 바탕 질, 대신할 대, 없앨 사) · **물질 교환**(物質交換, 만물 물, 바탕 질, 서로 교, 바꿀 환) · **물질의 특성**(物質의 特性, 만물 물, 바탕 질, 특별할 특, 성질 성)

상태(狀態)	
상태 (狀態)	· **고체**(固體, 굳을 고, 물질 체) · **액체**(液體, 진액 액, 물질 체) · **기체**(氣體, 기체 기, 물질 체)-압력과 부피(보일법칙), 온도와 부피(샤를법칙)

모양(模樣)	
형 (形, 모양 형)	· **파형**(波形, 물결 파, 모양 형) · **형질**(形質, 모양 형, 바탕 질) · **형성층**(形成層, 모양 형, 이룰 성, 층 층)

구 (球, 공 구)	· **전구**(電球, 전기 전, 공 구) · **천구**(天球, 하늘 천, 공 구) · **혈구**(赤血球, 피 혈, 공 구) · **사구체**(絲球體, 실 사, 공 구, 물질 체) · **지구**(地球, 땅 지, 공 구), **광구**(光球, 빛 광, 공 구) · **구상 성단**(球狀星團, 공 구, 모양 상, 별 성, 집단 단)
관 (管, 대롱 관)	· **소화관**(消化管, 사라질 소, 될 화, 대롱 관) · **암죽관**(암粥管, 죽 죽, 대롱 관) · **모세혈관**(毛細血管, 털 모, 가늘 세, 피 혈, 대롱 관) · **기관**(氣管, 공기 기, 대롱 관) · **오줌관**(오줌管, 대롱 관), **세뇨관**(細尿管, 가늘 세, 오줌 뇨, 대롱 관) · **달팽이관**(달팽이管, 대롱 관), **반고리관**(半고리管, 반 반, 대롱 관) · **물관**(물管, 대롱 관), **체관**(체管, 대롱 관), **관다발**(管다발, 대롱 관)
세 (細, 가늘 세)	· **세포**(細胞, 가늘 세, 세포 포) · **세균**(細菌, 가늘 세, 버섯 균) · **모세혈관**(毛細血管, 털 모, 가늘 세, 피 혈, 대롱 관) · **세뇨관**(細尿管, 가늘 세, 오줌 뇨, 대롱 관)
압 (壓, 누를 압)	· **압력**(壓力, 누를 압, 힘 력) · **전압**(電壓, 전기 전, 누를 압), **기압**(氣壓, 공기 기, 누를 압) **수압**(水壓, 물 수, 누를 압), **혈압**(血壓, 피 혈, 누를 압)
강 (降, 내릴 강)	· **강수**(降水, 내릴 강, 물 수) · **하강 기류**(下降氣流, 아래 하, 내릴 강, 공기 기, 흐를 류)
승 (昇, 오를 승)	· **상승 기류**(上昇氣流, 윗 상, 오를 승, 공기 기, 흐를 류)
할 (割 나눌 할)	· **난할**(卵割, 알 란(난), 나눌 할)
편 (偏, 치우칠 편)	· **편서풍**(偏西風, 치우칠 편, 서녘 서, 바람 풍) · **편광**(偏光, 치우칠 편, 빛 광)

절 (折, 꺾을 절)	· 굴절(屈折, 굽힐 굴, 꺾을 절)
접 (接, 접촉할 접)	· 접지(接地, 접촉할 접, 땅 지) · 접선(接線, 접촉할 접, 선 선) · 접안렌즈(接眼lens, 접촉할 접, 눈 안)
식 (蝕, 좀먹을 식)	· 일식(日蝕, 해 일, 좀먹을 식), 월식(月蝕, 달 월, 좀먹을 식) · 침식(浸蝕, 잠길 침, 좀먹을 식)
매 (媒, 매개 매)	· 매질(媒質, 매개 매, 바탕 질), 촉매(觸媒, 닿을 촉, 매개 매)
분별 (分別, 나눌 분, 나눌 별)	· 분별 증류(分別蒸溜, 나눌 분, 나눌 별, 찔 증, 낙숫물 류) · 분별 깔때기(分別깔대기, 나눌 분, 나눌 별)
직렬(直列) **병렬**(竝列)	· 직렬연결(直列連結, 곧을 직, 늘어설 렬, 잇닿을 련(연), 맺을 결) · 병렬연결(竝列連結, 나란히 병, 늘어설 렬, 잇닿을 련(연), 맺을 결)
적 (積, 쌓을 적) **층** (層, 층 층)	· 적운(積雲, 쌓을 적, 구름 운), 층운(層雲, 층 층, 구름 운)
산 (散, 흩을 산)	· 분산(分散, 나눌 분, 흩을 산) · 확산(擴散, 넓힐 확, 흩을 산) · 증산 작용(蒸散作用, 증발할 증, 흩을 산, 행할 작, 행할 용) · 산개 성단(散開星團, 흩을 산, 열 개, 별 성, 집단 단)
단 (團, 집단 단)	· 기단(氣團, 공기 기, 집단 단), 성단(星團, 별 성, 집단 단)

엄떵이 쌤의 세 가지 맛 과학 공부법 ·

양(量)		
양 (量, 양 량)	· **질량**(質量, 바탕 질, 양 량), **무게**, **부피** · **전력량**(電力量, 전기 전, 힘 력, 양 량) · **전하량**(電荷量, 전기 전, 짊어질 하, 양 량) · **발열량**(發熱量, 일어날 발, 열 열, 양 량) · **열용량**(熱容量, 열 열, 용량 용, 양 량) · **광합성량**(光合成量, 빛 광, 합할 합, 이룰 성, 양 량) · **혈당량**(血糖量, 피 혈, 엿 당, 양 량) · **강수량**(降水量, 내릴 강, 물 수, 양 량) · **포화 수증기량**(飽和水蒸氣量, 배부를 포, 화목할 화, 물 수, 증발할 증, 기체 기, 양 량)	
초 (超, 뛰어넘을 초)	· **초음파**(超音波, 뛰어넘을 초, 소리 음, 물결 파) · **초고온**(超高溫, 뛰어넘을 초, 높을 고, 따뜻할 온) · **초과**(超過, 뛰어넘을 초, 지날 과)	
과 (過, 지날 과) *단어 앞에서 초과를 의미함.	· **과산화 수소**(過酸化水素, 지날 과, 실 산, 될 화, 물 수, 바탕 소) · **과포화**(過飽和, 지날 과, 배부를 포, 화목할 화) · **과냉각**(過冷却, 지날 과, 찰 랭(냉), 물리칠 각) · **여과**(濾過, 거를 려(여), 지날 과)	

정도(程度)		
도 (度, 정도 도)	· **속도**(速度, 빠를 속, 정도 도) · **온도**(溫度, 따뜻할 온, 정도 도) · **습도**(濕度, 젖을 습, 정도 도) · **밀도**(密度, 빽빽할 밀, 정도 도) · **용해도**(溶解度, 녹을 용, 풀 해, 정도 도) · **농도**(濃度, 짙을 농, 정도 도) · **각도**(角度, 각도 각, 정도 도) · **경도**(經度, 날실 경, 정도 도), **위도**(緯度, 씨줄 위, 정도 도)	

	· 조도(照度, 비출 조, 정도 도) · 고도(高度, 높을 고, 정도 도) · 진도(震度, 흔들릴 진, 정도 도)
등 (等, 같을 등)	· 등속(等速, 같을 등, 빠를 속) · 등압선(等壓線, 같을 등, 누를 압, 선 선)
차 (差, 다를 차)	· 조차(潮差, 조수 조, 다를 차) · 일교차(日較差, 날 일, 견줄 교, 다를 차) · 시차(視差, 볼 시, 다를 차)
반 (半, 반 반)	· 반도체(半導體, 반 반, 이끌 도, 물체 체) · 반고리관(半고리管, 반 반, 대롱 관) · 반투명(半透明, 반 반, 통할 투, 밝을 명)
극 (極, 다할 극)	· 자극(磁極, 자석 자, 다할 극)

고
(高, 높을 고)
중
(中, 가운데 중)
저
(低, 낮을 저)
	· 고위도(高緯度, 높을 고, 씨줄 위, 정도 도)
	
	  중위도(中緯度, 가운데 중, 씨줄 위, 정도 도)
	
	  저위도(低緯度, 낮을 저, 씨줄 위, 정도 도)
	
	· 고기압(高氣壓, 높을 고, 공기 기, 누를 압)
	
	  저기압(低氣壓, 낮을 저, 공기 기, 누를 압)
	
	· 고배율(高倍率, 높을 고, 곱 배, 비율 률(율))
	
	  저배율(低倍率, 낮을 저, 곱 배, 비율 률(율))

불 (不, 아닐 불)	· 부도체(不導體, 아닐 불(부), 이끌 도, 물체 체) · 불투명(不透明, 아닐 불, 투명할 투, 밝을 명) · 불규칙(不規則, 아닐 불, 법 규, 법칙 칙) · 불균일(不均一, 아닐 불, 고를 균, 한 일) · 불포화(不飽和, 아닐 불, 배부를 포, 화목할 화)
비 (非, 아닐 비)	· 비활성(非活性, 아닐 비, 살 활, 성질 성)

엄띵이 쌤의 세 가지 맛 과학 공부법 ·

구성(構成)	
원 (源, 근원 원)	· **광원**(光源, 빛 광, 근원 원), **진원**(震源, 흔들릴 진, 근원 원) · **에너지원**(energy源, 근원 원)
원 (原, 근원 원)	· **빛의 삼원색**(빛의 三原色, 석 삼, 근원 원, 색채 색) · **원자**(原子, 근원 원, 아들 자), **원유**(原油, 근원 원, 기름 유)
소 (素, 바탕 소)	· **원소**(元素, 으뜸 원, 바탕 소) · **원소 기호**(元素記號, 으뜸 원, 바탕 소, 기록할 기, 부르짖을 호) · **영양소**(營養素, 경영할 영, 기를 양, 바탕 소) · **소화효소**(消化酵素, 사라질 소, 될 화, 삭힐 효, 바탕 소) · **엽록소**(葉綠素, 나뭇잎 엽, 초록빛 록, 바탕 소)
조 (造, 이룰 조)	· **조암 광물**(造巖鑛物, 이룰 조, 바위 암, 광석 광, 만물 물) · **조성**(造成, 이룰 조, 이룰 성)
자 (子, 아들 자) *단어 끝에서 입자를 의미함.	· **유전자**(遺傳子, 남길 유, 전할 전, 아들 자) · **입자**(粒子, 낟알 립(입), 아들 자) · **입자모형**(粒子模型, 낟알 립(입), 아들 자, 본뜰 모, 모형 형) · **원자**(原子, 근원 원, 아들 자) · **분자**(分子, 나눌 분, 아들 자), **분자식**(分子式, 나눌 분, 아들 자, 법 식) · **전자**(電子, 전기 전, 아들 자)
	· 자(子) 없이 입자를 지칭 : **양이온**(陽ion, 양 양), **음이온**(陰ion, 음 음), **이온식** (ion式, 법 식)
핵 (核, 핵심 핵)	· **핵**(核, 핵심 핵) · **원자핵**((原子, 근원 원, 아들 자, 핵심 핵) · **응결핵**(凝結核, 엉길 응, 맺을 결, 핵심 핵) · **내핵**(內核, 안 내, 핵심 핵), **외핵**(外核, 바깥 외, 핵심 핵)
균 (均, 고를 균)	· **균일 혼합물**(均一混合物, 고를 균, 한 일, 섞을 혼, 합할 합, 만물 물)

비 (比, 비율 비) *단어 끝에서는 비율을, 앞에서는 비교를 의미함.	· **염분비**(鹽分比, 소금 염, 나눌 분, 비율 비)
	· **계수비**(係數比, 맬 계, 셈 수, 비율 비)
	· **정수비**(整數比, 가지런할 정, 셈 수, 비율 비)
	· **질량비**(質量比, 바탕 질, 양 량, 비율 비)
	· **부피비**(부피比, 비율 비)
	· **개수비**(個數比, 낱 개, 셈 수, 비율 비)
	· **비열**(比熱, 견줄 비, 열 열)

성질(性質)

성 (性, 성질 성)	· **자성**(磁性, 자석 자, 성질 성)
	· **탄성**(彈性, 튀길 탄, 성질 성)
	· **우성**(優性, 넉넉할 우, 성질 성), **열성**(劣性, 적을 렬[열], 성질 성)
	· **항상성**(恒常性, 항상 항, 일정할 상, 성질 성)
	· **산성**(酸性, 실 산, 성질 성)
	중성(中性, 가운데 중, 성질 성)
	염기성(鹽基性, 소금 염, 기초 기, 성질 성)
물질의 특성(特性)	· **밀도**(密度, 빽빽할 밀, 정도 도)
	· **용해도**(溶解度, 녹을 용, 풀 해, 정도 도)-**재결정**(再結晶, 다시 재, 맺을 결, 결정 정)
	· **녹는점**(녹는點, 점 점), **어는점**(어는點, 점 점)
	· **끓는점**(끓는點, 점 점)-**증류**(再結晶, 찔 증, 낙숫물 류)
	· **열팽창**(계수)(熱膨脹, 더울 열, 부풀 팽, 늘어날 창)

변화(變化)

물리 변화 (物理變化)	· **물리 변화**(物理變化, 만물 물, 다스릴 리, 변할 변, 될 화)
	· **상태 변화**(狀態變化, 모양 상, 상태 태, 변할 변, 될 화)
	· **융해**(融解, 녹을 융, 풀 해), **녹는점**(녹는點, 점 점)
	기화(氣化, 기체 기, 될 화), **끓는점**(끓는點, 점 점)
	액화(液化, 진액 액, 될 화)
	응고(凝固, 엉길 응, 굳을 고), **어는점**(어는點, 점 점)

엄떵이 쌤의 세 가지 맛 과학 공부법·

	승화(昇華, 오를 승, 빛날 화)
	· 증발(蒸發, 증발할 증, 떠날 발), 확산(擴散, 넓힐 확, 흩을 산)
	· 용매(溶媒, 녹을 용, 매개 매), 용질(溶質, 녹을 용, 바탕 질)
	용액(溶液, 녹을 용, 진액 액)
	· 용해(溶解, 녹을 용, 풀 해), 석출(析出, 쪼갤 석, 날 출)
	· 포화 용액(飽和溶液, 배부를 포, 화목할 화, 녹을 용, 진액 액)
	불포화 용액(不飽和溶液, 아닐 불, 배부를 포, 화목할 화, 녹을 용, 진액 액)
	과포화 용액(過飽和溶液, 지날 과, 배부를 포, 화목할 화, 녹을 용, 진액 액)
	· 혼합(混合, 섞을 혼, 합할 합), 분리(分離, 나눌 분, 가를 리)
화학 변화 (化學變化)	· 화학 변화(化學變化, 될 화, 배울 학, 변할 변, 될 화)
	· 화학 반응(化學反應, 될 화, 배울 학, 돌이킬 반, 응할 응)
	· 화학식(化學式, 될 화, 배울 학, 법 식)
	· 화학 반응식(化學反應式, 될 화, 배울 학, 돌이킬 반, 응할 응, 법 식)
	· 질량 보존 법칙(質量保存法則, 바탕 질, 양 량, 지킬 보, 있을 존, 법 법, 법칙 칙)
	· 일정 성분비 법칙(一定成分比法則, 한 일, 정할 정, 이룰 성, 나눌 분, 비율 비, 법 법, 법칙 칙)
	· 기체 반응 법칙(氣體反應法則, 기체 기, 물질 체, 돌이킬 반, 응할 응, 법 법, 법칙 칙)
	· 화합(化合, 될 화, 합할 합), 분해(分解, 나눌 분, 풀 해)
	· 연소(燃燒, 불탈 연, 불사를 소) ↔ 소화(消火, 사라질 소, 불 화)
	· 전기 분해(電氣分解, 전기 전, 기운 기, 나눌 분, 풀 해)
	· 열분해(熱分解, 열 열, 나눌 분, 풀 해)
	· 앙금, 앙금 생성 반응(앙금生成反應, 날 생, 이룰 성, 돌이킬 반, 응할 응)
	· 산화(酸化, 실 산, 될 화), 환원(還元, 돌아올 환, 처음 원)
	· 산화 환원 반응(酸化還元反應, 실 산, 될 화, 돌아올 환, 처음 원, 돌이킬 반, 응할 응)
	· 흡열 반응(吸熱反應, 마실 흡, 열 열, 돌이킬 반, 응할 응)
	· 발열 반응(發熱反應, 일어날 발, 열 열, 돌이킬 반, 응할 응)

방향(方向)	
상(上, 윗 상) 하(下, 아래 하)	· **상현달**(上弦달, 윗 상, 활시위 현), **하현달**(下弦달, 아래 하, 활시위 현) · **상승 기류**(上昇氣流, 윗 상, 오를 승, 공기 기, 흐를 류) · **하강 기류**(下降氣流, 아래 하, 내릴 강, 공기 기, 흐를 류)

주기율표								
주기＼족	1족	2족	13족	14족	15족	16족	17족	18족
1주기	H 수소							He 헬륨
2주기	Li 리튬	Be 베릴륨	B 붕소	C 탄소	N 질소	O 산소	F 플루오린	Ne 네온
3주기	Na 나트륨 (소듐)	Mg 마그네슘	Al 알루미늄	Si 규소	P 인	S 황	Cl 염소	Ar 아르곤
4주기	K 칼륨 (포타슘)	Ca 칼슘						

    여기까지 달려온 친구들에게 박수를 보냅니다. 항상 공부한 후에 달콤한 휴식이 기다리고 있기 마련이죠. 한자를 통해 수많은 과학 개념을 만났으니 자기 자신에게 선물을 줘야 할 시간입니다. 간식을 먹으며 잠시 쉬는 시간을 가져보세요. 다시 책을 펴보기로 약속한다면요.

엄떵이 쌤의 세 가지 맛 과학 공부법·

4장

국어, 과학이랑 친해지기

1

국어랑도 연결해볼 거예요

국어사전과 함께 과학 공부를!

이야! 다시 책을 펼친 친구들, 정말 멋져요. 여러 가지 단위와 기호, 한자가 둥둥 떠다니는 느낌이었을 거예요. 그런데요. 이 모든 것을 빠르게 이해하려고 했다면 당신은 '욕심쟁이'입니다. 과학 공부를 할 때 중요한 것은 '빠르게'가 아니고 '정확하게' 개념을 이해하는 거니까요. 개념에 대한 정확한 이해 없이 법칙과 원리, 이론을 이해하기 어렵고요. 응용이 필요한 문제는 더더욱 풀기 어렵거든요. 다시 한번, 엄땡이의 과학 공부법을 되짚어볼까요?

개념표에서 공통된 한자, 특정 한자나 한자어에 표시하는 것 잊지 말구요. (같은 한자가 있는 개념에서 공통점을 찾아보고, 다른 한자를 통해서는 낯선 과학 개념을 유추해보세요.) 그림이나 그래프를 그리고 공식까지 적었다면 훌륭합니다. 모르는 단어가 나올 때 사전을 찾아보는 것은 진리입니다. 사전을 자주 뒤적이다 보면 짧은 동영상보다 더 중독성 있는 텍스트의 매력을 느낄 수 있어요.

사전에서 과학 개념을 찾다 보면 이런 일도 생겨요. 분명 과학 개념에 대한 정의 한 줄을 읽었는데 정의 속에 다시 모르는 개념이 나오고, 그 개념을 찾아가면 또다시 모르는 개념이 나오고… 심지어 처음 찾은 과학 개념으로 돌아가는 경우도 있을 거예요. '뫼비우스의 띠'처럼요. '언젠가는 친구에게 과학 개념을 꼭 설명해주고 말 테야.'라는 마음으로, 조바심 내지 말고 천천히 알아가보자구요.

과학도 문해력이 기본이죠

과학 개념의 이해를 돕기 위해 한자가 뿌리가 되어주었다면요. 이제 한자를 능가할 어마무시한 '문해력'의 힘을 가진 '국어'를 소개할 차례예요.

우리가 항상 쓰고 있는 '국어'를 공부한다는 것이 어색할 수 있어요. 의사소통에 문제가 없고 사는 데 아무런 불편함이 없는데 왜 국어를 공부해야 하는지 모르겠다는 생각이 들 거예요. 하지만 국어도 공부해야 합니다. 가장 현실적인 이유는 다른 학습을 위한 토대가 된다는 데 있어요. 이는 국어과 교육과정 해설서에도 나오는 내용인데요. '국어 능력이 부족하면 효과적인 학습이 어렵고 결과적으로 성공적인 삶을 영위하기가 어렵다.'라고 써져 있어요. 정말 무섭고 또 무겁게 들리겠지만 사실이

엄떵이 쌤의 세 가지 맛 과학 공부법 ·

에요.

이외에도 비판적 · 창의적 사고 역량, 디지털 · 미디어 활용 역량, 의사소통 역량, 공동체 · 대인 관계 역량, 문화 향유 역량, 자기 성찰 · 계발 역량을 기를 수 있다고 합니다. '좋은 게 다 들었네.' 싶지만 그만큼 '국어'가 갖는 힘이 크다는 거겠죠. 이 모든 역량의 바탕에 '문해력'이 버티고 있는 한 말이죠.

'문해력(文解力)'이 요즘 교육계에서 가장 핫한 단어일 듯한데요. 말과 글을 통해 정보를 이해 · 해석하고 생각을 효과적으로 표현하는 능력을 말해요. 과거에 많이 언급된 '독해력'이 시험용이라면, 문해력은 교실에서 세상 밖으로 나아가 다른 사람들과 함께 소통하기 위해 필요한 능력이에요.

과학 문해력은 과학과 관련된 말과 글을 이해하고 해석하여 자신의 생각을 표현하는 능력입니다. (이때 표와 그래프, 그림이나 수식을 이용하는 거예요.) 표현 능력이야 제쳐두더라도, 과학책을 친구처럼 가깝게 느끼고, 읽고 이해하며 해석할 수 있으면 얼마나 좋을까요?

자! 과학책과 만나기 전, 과학 교과서랑 친구 맺는 것부터 시도해보자구요. 교과서를 가까이 가져와 엉덩이 책 옆에 두세요. 이제 교과서를 소리 내 읽으면서 과학 개념과 교과서 속 문장을 만나보려고 합니다. 평소 교과서를 읽을 기회가 많지 않으니 이번 기회에 마음껏 읽어보도록 해요.

과학 공부에도 요리처럼 재료와 레시피가 필요해요

 과학 교과서를 보기 전에 학생들에게 인기 만점인 급식 메뉴 이야기부터 해볼게요. 이 메뉴는 소스에서부터 동·서양의 오묘한 조화를 보여주는 음식이에요. 그리고 간장과 마요네즈의 힘으로 치킨과 달걀을 사랑스럽게 가둬버리는 음식이지요. 바로 '치킨마요'입니다.

 치킨마요 5분 안에 뚝딱 만드는 법을 여러분에게 소개하려고 해요. 먼저 재료를 준비해야겠죠. 달걀과 신선한 야채, 어디에도 빠지지 않는 소금, 간장 등 각종 양념을 준비합니다. (데리야끼 소스 없어도 되구요. 실파는 있으면 좋아요.) 먹다 남은 치킨이 있다면 살만 발라내 두고요.

 이제 프라이팬에 달걀 2개로 폭신폭신한 스크램블을 만들어 따로 둡니다. 사용한 프라이팬에 양파 반개만 채 썰어 넣구요. 간장과 매실 진액을 한 순갈씩 넣어 중불로 잘 볶은 후 그릇에 잠시 옮겨주세요. 양념이 아까우니 발라낸 살코기 올려서 열을 살짝 가해줍니다. (단, 달걀 먼저 양파 나중입니다. 반대로 하면 스크램블이 갈색 옷을 입거든요.)

 자! 이제 다 됐어요. 뜨끈한 밥 위에 준비해둔 스크램블 한 층, 그 위에 볶은 양파, 제일 위에 치킨을 올려주면 되죠. 마지막, 와플 모양으로 마요네즈를 짜주고 실파 잘게 썰어 뿌려주면 끝! 벌써 침이 고이지요? (이건 뭐 과학책이 아니라 요리책이네요. 사실은 요리가 다 과학이란 말씀! 요리 과정이 시간순으로 그림 그리듯 떠오르면 된 거예요. 이것이 과학을 공부하는 방법이기도 하구요.)

 이쯤에서 왜 갑자기 치킨마요 이야기를 하는지 궁금할 거예요. 치킨

엄떵이 쌤의 세 가지 맛 과학 공부법·

그림 4-1 치킨마요 만드는 과정

마요 만드는 과정이 과학 개념을 소개한 문단을 이해하기 위한 과정과 쏙 빼닮았기 때문이에요.

여기 특정 과학 개념을 소개한 문단이 있다고 해볼게요. 문단을 이해하기 위해서는 문장을 이해해야 하고, 문장 속 과학 개념과 특정 단어 및 어미와 접사를 알아야 합니다. 또 문장은 서로 꼬리를 물듯 연결되기 때문에 문장 사이의 관계도 파악해야 하죠.

자! 이제 치킨마요와 연결해볼까요? 치킨과 달걀 같은 메인 재료가 엄띵이식 개념표 속 과학 개념이구요. 야채와 양념은 메인 재료 사이에서 맛을 내는 것들이지요. 그래서 33개의 단어와 어미, 접사의 뜻도 이어서 살펴볼 거예요. 해당 요리에 꼭 필요한 재료를 고르는 능력 또한 중요하기 때문에 단어의 의미 관계를 파악해야 합니다. 과학에서 특히 중요한 '반의어'와 '상의어 · 하의어'에 관심 가져주세요. (이 능력은 글을 쓸 때도 큰 힘을 발휘할 거예요. 서술형 평가에서 과학 개념과 연결되는 특정 단어를 고르는 능력도 중요하니까요.)

메인 재료와 야채를 적당한 크기로 자르듯 과학 개념과 구, 문장을 끊어 읽으며 그 속에 숨은 뜻도 찾아보려구요. 순서에 맞게 요리하는 과정은 곧 문장을 연결하는 순서가 되겠지요. 마지막으로 치킨마요와 찰떡궁합인 음식들이 준비된 식탁을 즐기면 되겠습니다. 문단을 뛰어넘어 대단원으로 가는 거죠. 교과서 차례를 길잡이 삼아 과학 개념의 관계를 엮어낼 거예요. 이렇게 교과서를 만나고 해체하면 우리도 과학 문해력을 갖출 수 있지 않을까요?

치킨마요로 입에 침 고이게 해서 미안한 마음인데요. 결국 '뜻과 관계'입니다. 다양한 어휘의 뜻을 알고 그중 어울리는 어휘를 찾는 것과 단어, 문장, 문단 사이의 관계를 파악하는 것이 핵심이죠. 살을 좀 더 붙여보자면요. '뜻은 분명히, 관계는 자연스럽게'지요. 과학 공부를 통해 인생의 진리를 하나 얻었네요. 내 뜻을 분명히 하고 주위 사람들과 자연스러운 관계를 맺는 것, 과학 공부가 알려주는 삶의 지혜가 아닐까 싶어요. (수업 시간에 강조하는 '태도와 리액션'과도 맥을 같이 하네요.)

엄떵이 쌤의 세 가지 맛 과학 공부법 ·

2

엄떵이가 추천하는
33가지 덩어리는 필수예요

과학 교과서 독해를 위한 33가지 덩어리를 소개합니다

'33개나 되는 걸 외워야 하는 거야?'라고 할까봐 걱정 붙들어 매라는 의미에서 이야기 보따리 하나 더 들고 왔어요.

고등학생이 되면서 저는 멀리 대전으로 전학 간 친구와 펜팔을 했어요. 그때 저는 하숙집에서 생활하며 여고를 다니고 있었구요. (눈치챘겠지만 펜팔 친구는 여자가 아니고 남자였어요!) 중학교 동창이었던 친구와 고등학교 1학년 때부터 부지런히 편지를 주고받았죠. (이때는 스마트폰이라는 신문물이 없을 때입니다.) 그때는 숨만 쉬어도 공부에 대한 중압감과 걱정이 밀려왔어요. 그런 힘든 시간을 보내던 저에게 펜팔은 '삶의 작은 활력소'이자 과장을 살짝 보태자면 그 시절 '살아가는 이유'였답니다. 답장이 오려나 오매불망 기다리고 또 기다리던 순간들이 떠오르네요.

그런데요. 그런 저에게 답장이 오지 않는 것보다 더 두려운 존재가 있었으니 바로 하숙집 '누렁이'였어요. 순한 개였는데 저는 누렁이의 큰 덩치에 겁먹고 슬슬 비켜 다녔죠. 그런 제 마음을 알 바 없는 주인아저씨는 아침마다 누렁이를 끌고 학교 운동장을 돌면서 운동을 하셨어요.

잠시 누렁이와 편지에 얽힌 추억 속 이야기를 전해드리려구요. 과학이나 한자에 대한 언급이 전혀 없으니 마음 푹 놓구요. 이야기를 따라 그림 그리듯 상상해보세요. (과학 공부하듯 접근하라는 거네요.)

옆집 강아지와 누렁이와 우체부 아저씨와 편지

:

그 어떤 날과는 다른 하루가 될 것 같은 날이었어요. 학교 가는 길에 저 멀리 저를 향해 달려오는 개 한 마리를 봤죠. 썰매만 없을 뿐 설원을 달리는 시베리안 허스키처럼 보이는 그 개, 가까이 보니 우리 하숙집 누렁이네요. 주인아저씨께서 잡고 계신 줄을 끊을 기세로 달려오고 있네요. 주인아저씨는 제가 누렁이를 무서워하는지도 모르시고 (우리집에서 누렁이를 다 좋아했으니까요.) 반가워하시면서 "진주야, 학교 가니?"라며 인사하셨죠. 아저씨 말이 떨어지기 무섭게 저는 누렁이가 다가오는 반대 방향으로 냅다 달리며 "네!, 다녀오겠습니다."라고 말하며 도망쳤어요.

평소엔 누렁이를 보면 멀리서라도 한 번씩 웃어주곤 했는데요. 오늘은 인사를 안 한 게 마음에 걸리긴 하네요. 야간자율학습을 하기 전 저녁밥을 먹으러 갈 때였어요. 담벼락 너머로 우리 누렁이의 웃음소리가 들리더라고요. 평소보다 활기찬 느낌이라 친구가 놀러왔나 했지요. 아니나 다를까 옆집 강아지와 둘이서 사이좋게 각각 다른 종이를

엄띵이 쌤의 세 가지 맛 과학 공부법 ·

찢으며 놀고 있네요. (제가 여자친구라고 불러준 그 강아지요.) '지들끼리 잘 노네. 너희는 좋겠다. 직접 만나서 놀고 있으니…'라는 생각을 하려던 찰나, 그 종이가 예사롭지 않게 보이더라고요. 기다리고 기다리다 목이 빠져버리게 한 제 편지였기 때문이죠. 저번 편지도 누렁이 짓이 아닌가 하는 합리적 의심이 드는 순간입니다. "야!!!!!!! 이 노무시키야아아아아아!!!!!!" (이 정도로 쓰지만 사실 분노가 하늘을 찌릅니다.)

편지는 누더기처럼 갈기갈기 찢어지고 편지지 곳곳에 누렁이 침이 범벅이네요. 글자가 더 날아가기 전에 편지를 살려 보리라 마음먹고 누렁이를 향해 조심히 다가갔어요. 그런데 제가 접근할수록 약 올리듯 누렁이 침이 더해지는 느낌이에요. '우체부 아저씨! 평소엔 우편함에 넣거나 누렁이가 닿지 않을 정도의 거리에 살포시 놓고 가시더니… 오늘 기분 좋은 일이 있으셨나 왜 더 안쪽에 편지를 힘껏 던져놓고 가셨나요?', '야! 너흰 대체 얼마 동안 이 편지를 물고 있었냐?'라며 마음속으로 울어봐도 소용없었어요.

편지를 놓지 않을 만큼 좋았던 이유가 있었겠죠. (고기 국물맛이라도 났다면 이해가 될 텐데 말이죠.) 편지 내용을 보려면 누렁이의 침을 만져야 하는데, 물에 씻어버리면 글자도 날아갈 것 같아요. 편지가 더이상 훼손되지 않길 바라는 마음뿐! 아, 그런데 거의 걸레 조각이 되었네요. 직사각형 편지지의 고유한 모양은 온데간데없고, 이름을 부르는 부분부터 마지막 인사까지 온전한 곳이 없었어요. 대부분 알아볼 수 없을 정도였죠. 제 추측에 따르면 옆집 강아지가 대문 가까이에 있던 편지를 물고 들어오며 '오다 주웠어'라고 하지 않았을까 싶어요. 누렁이에게 주는 선물이었겠지요.

옆집 강아지와 우리집 누렁이, 오해일 수 있지만 우체부 아저씨까지 모두가 완벽한 합으로 나의 적이었던 이 사건, 여고 때가 그리울 때마다 떠오르는 재미있는 추억이 되었어요.

흡사 로맨스 같지만 여고생 내면의 분노가 더 크게 와닿는 글 하나 빠른 숨으로 읽어냈어요. 어려운 단어가 없기 때문에 읽으면서 바로 이해되구요. 또 우리에게 연애 이야기는 성적보다 더 중요한 관심거리기에 졸다가도 눈이 번쩍 떠질 정도지요. 머릿속으로 그림도 잘 그려져요. 담벼락이 있는 하숙집 안 강아지집, 그 앞에서 사이좋게 종이를 뜯고 있는 한 쌍의 바퀴벌레 같은 강아지 커플, 그려지나요?

글 속에 밑줄 친 부분과 관련된 단어, 어미와 접사는 과학 교과서에서 자주 볼 수 있어요. 과학 개념을 제외한 단어, 어미와 접사를 모두 실을 수 없어서 꼭 필요한 것만 골랐어요. 33개의 의미를 분명히 알고 이어서 나오는 국어와의 연결 공부법을 하나씩 따라가다 보면, 과학 교과서를 좀 더 쉽게 만날 수 있을 것이라 장담해요. 또 단어, 어미와 접사의 뜻과 함께 예시 문장을 실어두었습니다. 단어는 문장 안에 나오는 명사, 관형사, 부사, 조사, 동사, 형용사 등의 품사를 말하구요. (영어의 전치사와 닮은 '조사'를 제일 많이 만나게 될 거예요.) 어미와 접사는 단독으로 쓸 수 없기 때문에 '-(붙임표)'와 함께 나와 있어요.

어미는 '높-고', '높-아', '높-으니'에서 '-고', '-아', '-으니'처럼 형태가 변하는 부분이고요, 어간은 '높-'처럼 변하지 않는 부분이에요. 이렇게 용언(동사, 형용사)에 어미를 붙여 여러 가지 문법적 기능을 하도록 하는 것을 '활용'이라고 해요.

접사는 어근과 단짝으로, 어근의 앞이나 뒤에 결합하여 의미를 더해주거나 품사를 바꿔주기도 해요. 앞에 결합하면 접두사, 뒤에 결합하면 접미사라고 하죠. '드높이다'에서 '드-'는 '매우'의 의미로 쓰인 접두사이

엄띵이 쌤의 세 가지 맛 과학 공부법 ·

고 '-이-'는 동작이나 행위를 남에게 하도록 시키는 '사동'의 의미를 갖는 접미사입니다. 이때 실질적인 의미를 갖는 부분인 '높-'이 어근이구요. 여기서 어미 '-다'를 제외한 '드높이-'가 어간이 되겠네요.

여러분, 잊지 않으셨죠? 이 책이 국어와 통하는 과학책이라는 사실을요. 또 이 책은 표 맛집입니다. (표를 정리하는 데 정성을 많이 들였어요. 깊은 맛을 보장합니다.) 표에 있는 내용은 절대 외우는 거 아니고요. 어미니 접사니 그 종류에 얽매이지 말고, 뜻을 읽어본 후 문장에서 감(感)만 익히면 돼요. (뜻풀이를 읽다 보면, 추상적인 표현 속에서 살아나는 단어의 새로운 모습을 느낄 수 있어요. 이를 통해 사전을 편찬한 학자들의 위대함까지 발견하게 됩니다.)

표를 읽어도 감이 잡히지 않으면, 여고생의 로맨스를 담은 글로 돌아가 밑줄 그어진 부분과 연결해보세요. 그런 후 다시 예시 문장을 정성껏 읽어보길 바랍니다. 그중에는 과학 교과서에 수록된 문장도 있으니 눈에 잘 담고 소리 내어 읽기도 해보세요. 이 과정을 반복하다 보면 해당 단어, 어미와 접사의 쓰임이 분명해질 거예요. 표에서 뜻 다음에 이어지는 대괄호 속 내용은 빠른 이해를 돕기 위한 엄떵이만의 노하우예요. 가끔은 뜻을 간략하게 줄여서 써놓기도 했으니 잘 활용해보세요.

표 4-1   교과서 독해를 위한 33가지 덩어리

분류		뜻 [엄떵이만의 노하우], 문장 예시
어떤	관형사	대상을 뚜렷이 밝히지 아니하고 이를 때 쓰는 말. [some]
		▶ 물체가 **어떤** 면에 접촉해 있을 때 접촉면에서 물체의 운동을 방해하는 힘을 마찰력이라고 한다.◆
만	조사	다른 것으로부터 제한하여 어느 것을 한정함을 나타내는 보조사. [only]
		▶ 키질하면 밀도가 작은 쭉정이는 날아가고 밀도가 큰 낟알**만** 키에 남게 된다.
에서	조사	앞말이 행동이 이루어지고 있는 장소, 출발점, 어떤 행동의 이유, 비교의 기준, 행동이나 상태 판단이 적용되는 범위, 주어임을 나타내는 격 조사. [장소, 출발점으로 주로 쓰임]
		▶ 진공관**에서** 동시에 자유 낙하하는 두 물체는 질량에 관계없이 동시에 바닥에 다다른다.
-(으)면서	어미	두 가지 이상의 움직임이나 사태 따위가 동시에 겸하여 있음을 나타내는 연결 어미. [while]
		▶ 물질 고유의 성질은 변하지 않**으면서** 모양이나 상태가 변하는 현상을 물리 변화라고 한다.◆
로/으로	조사	움직임의 방향을 나타내는 격 조사.
		▶ 지구는 태양으로부터 흡수한 에너지만큼 우주 공간**으로** 복사 에너지를 내보낸다.
		시간을 나타내는 격 조사. [시간으로]
		▶ 주위보다 온도가 낮아 어둡게 보이는 흑점은 약 11년을 주기**로** 그 수가 달라진다.

• 문장 예시 끝에 ◆ 기호가 붙은 문장은 모두 비상교육 과학 교과서에서 인용했어요.

		어떤 일의 원인이나 이유를 나타내는 격 조사. ['말미암아', '인하여', '하여' 등이 뒤따를 때가 있음]
		어떤 물건의 재료나 원료를 나타내는 격 조사. [그것으로]
		▶ 물의 분해**로** 생성된 수소와 산소는 더 이상 다른 물질**로** 분해되지 않는다.
-(으)며	어미	두 가지 이상의 동작이나 상태 따위를 나열할 때 쓰는 연결 어미.
		▶ 단백질과 지방은 에너지원으로 이용되**며** 우리 몸을 구성하는 기본 요소이다.
-씩	접사	'그 수량이나 크기로 나뉘거나 되풀이됨'의 뜻을 더하는 접미사. [반복적으로]
		▶ 만조와 간조는 하루 동안에 약 두 번**씩** 생긴다.
때	명사	어떤 경우. [when, 상황을 제시하는 경우에 쓰임]
		▶ 일정한 온도와 압력에서 수소와 산소가 반응하여 수증기를 생성할 **때** 수소와 산소, 수증기 사이의 부피비는 2 : 1 : 2이다.
보다	조사	서로 차이가 있는 것을 비교하는 경우, 비교의 대상이 되는 말에 붙어 '~에 비해서'의 뜻을 나타내는 격 조사. [that, ~에 비해]
		▶ 물과 에탄올이 섞인 혼합물을 가열하면 물**보다** 끓는점이 낮은 에탄올이 먼저 분리된다.
각각	부사	사람이나 물건의 하나하나마다. [each, 따로따로]
		▶ 체세포를 이루는 상동 염색체는 부모로부터 **각각** 한 개씩 물려받은 것이다.
-끼리	접사	'그 부류만이 서로 함께'의 뜻을 더하는 접미사.
		▶ 한 가지 형질에 대해 서로 다른 대립 형질을 지닌 순종의 개체**끼리** 교배하면 우열의 원리에 따라 자손 1대에서 우성 형질만 나타난다.
때문	의존명사	어떤 일의 원인이나 까닭. [because]
		▶ 해수의 맛이 짠 이유는 염류가 녹아 있기 **때문**이다.

도	조사	이미 어떤 것이 포함되고 그 위에 더함의 뜻을 나타내는 보조사. [also]
		▶ 광합성으로 만들어진 양분은 사람을 비롯한 동물의 먹이로**도** 사용된다.◆
-지마는 *준말 : -지만	어미	어떤 사실이나 내용을 시인하면서 그에 반대되는 내용을 말하거나 조건을 붙여 말할 때에 쓰는 연결 어미.
		▶ 물체가 자유 낙하할 때 위치 에너지는 감소하**지만** 역학적 에너지는 일정하다.◆
처럼	조사	모양이 서로 비슷하거나 같음을 나타내는 격 조사. [like]
		▶ 밤하늘의 별은 거대한 구에 붙박혀 있는 것**처럼** 보인다.
곳곳	명사	여러 곳 또는 이곳저곳. [여기저기]
		▶ 심방과 심실 사이, 심실과 동맥 사이, 정맥 **곳곳**에 판막이 있어 혈액이 거꾸로 흐르는 것을 막아준다.
-(으)ㄹ수록	어미	앞 절 일의 어떤 정도가 그렇게 더하여 가는 것이, 뒤 절 일의 어떤 정도가 더하거나 덜하게 되는 조건이 됨을 나타내는 연결 어미.
		▶ 물에 잠긴 물체의 부피가 클**수록** 물체에 작용하는 부력이 커진다.
지다	보조동사	앞말이 뜻하는 상태로 됨을 나타내는 말. ['-(으)ㄹ수록 –해진다'로 주로 쓰임]
		▶ 온도가 다른 두 물체가 접촉하면 온도가 높은 물체의 입자 운동은 느려지고 온도가 낮은 물체의 입자 운동은 활발해**진다**.
거나	조사	어느 것이 선택되어도 차이가 없는 둘 이상의 일을 나열함을 나타내는 보조사. [or]
		▶ 화학 반응식에 있는 계수비를 통해 반응하**거나** 생성되는 물질의 입자 수의 비를 알 수 있다.◆

엄띵이 쌤의 세 가지 맛 과학 공부법 •

동안	명사	어느 한때에서 다른 한때까지 시간의 길이. [during]
		▶ 물이 끓어 수증기가 되는 **동안** 물의 온도가 일정하게 유지된다.
만큼	의존명사	앞의 내용에 상당한 수량이나 정도임을 나타내는 말. [정도로]
		▶ 세포가 영양소를 흡수하려면 영양소의 크기가 세포막을 통과할 수 있을 **만큼** 매우 작아야 한다.◆
-(으)려면	어미	'어떤 의사를 실현하려고 한다면'의 뜻을 나타내는 연결 어미.
		▶ 우리가 생명을 유지하**려면** 영양소와 산소를 몸 곳곳의 세포로 끊임없이 운반해야 한다.◆
의	조사	뒤 체언이 나타내는 대상이 앞 체언에 소유되거나 소속, 뒤 체언이 지니고 있는 정보가 앞 체언의 속성 따위 등을 나타내는 격 조사. [of, 소유나 속성 따위의 의미로 주로 쓰임]
		▶ 빛**의** 세기, 이산화 탄소**의** 농도, 온도는 식물**의** 광합성에 영향을 준다.
에	조사	앞말이 장소, 시간, 진행방향, 원인, 어떤 움직임이나 작용이 미치는 대상, 수단이나 방법 따위의 부사어임을 나타내는 격 조사. [장소, 시간, 대상의 의미로 주로 쓰임]
		▶ 침**에** 들어 있는 아밀레이스가 녹말을 크기가 작은 엿당으로 분해한다.◆
-(으)면	어미	일반적으로 분명한 사실을 어떤 일에 대한 조건으로 말할 때 쓰는 연결 어미.
		▶ 호흡 운동으로 폐에 공기가 들어오**면** 폐포와 모세 혈관 사이에서 기체 교환이 일어난다.
거의	부사	어느 한도에 매우 가까운 정도로. [almost]
		▶ 화산대와 지진대는 띠 모양으로 분포하며 주로 판의 경계와 **거의** 일치한다.

• 엄띵이가 추천하는 33가지 덩어리는 필수예요

고유하다	**형용사**	본래부터 가지고 있어 특유하다. [본래]
		▶ 무게와 다르게 장소가 달라져도 변하지 않는 물체의 **고유한** 양을 질량이라고 한다.
부터	**조사**	어떤 일이나 상태 따위에 관련된 범위의 시작임을 나타내는 보조사. 흔히 뒤에는 끝을 나타내는 '까지'가 와서 짝을 이룬다. [from]
		▶ 맨틀은 지각 아래에서**부터** 깊이 약 2900km까지의 층으로, 지구 전체 부피의 약 80%를 차지하고 있다.◆
까지	**조사**	어떤 일이나 상태 따위에 관련되는 범위의 끝임을 나타내는 보조사. 흔히 앞에는 시작을 나타내는 '부터'나 출발을 나타내는 '에서'가 와서 짝을 이룬다. [to]
		▶ 내핵은 깊이 약 5100km에서 지구 중심**까지**의 층으로 고체 상태로 추정된다.◆
대부분	**명사**	절반이 훨씬 넘어 전체량에 거의 가까운 정도의 수효나 분량.
		▶ 기권에 있는 **대부분**의 공기가 대류권에 모여 있다.
	부사	일반적인 경우에. [mostly]
		▶ 육지에 있는 물은 **대부분** 짠맛이 나지 않아 담수라고 한다.
따르다	**동사**	어떤 경우, 사실이나 기준 따위에 의거하다. ['따라(서)', '따른', '따르면'으로 주로 쓰임]
		▶ 기체의 용해도는 물질의 종류에 **따라** 다르며 온도와 압력에 영향을 받는다.◆
와/과	**조사**	둘 이상의 사물이나 사람을 같은 자격으로 이어주는 접속 조사. [and]
		▶ 원자는 원자핵**과** 그 주위에서 움직이는 전자로 구성된다.

| 마다 | 조사 | '낱낱이 모두'의 뜻을 나타내는 보조사. ['-씩'은 수량을 나타내는 말 뒤에, '마다'는 체언 뒤에 쓰임] |
| | | ▶ 비열은 물질**마다** 다르다. |

3

반의어와 상의어·하의어에도
관심 가져주세요

치킨마요를 만들기 위한 야채와 양념에 해당하는 33가지 덩어리를 만나봤습니다. 표의 크기에 놀라긴 해도 읽기가 어렵진 않았을 거예요. 이제는 해당 요리에 꼭 필요한 재료를 고르는 능력과 관계있는, 단어의 의미 관계에 대해 알아보려구요. 여러 종류 중 반의어와 상의어·하의어에 집중해주세요. 과학에서 특히 중요하거든요.

·동의어·

엄띵이식 개념표에서 등호로 연결된 단어가 몇 개 있어요. 겉보기 등급(=실시 등급)이나 뉴런(=신경세포)처럼 같은 것을 지칭하지만 다른 형태로 쓰는 단어를 '동의어'라고 해요. (모호면과 모호로비치치 불연속면은 동의어가 아니고, 모호면이 줄임 말이에요.) 동의어는 주로 우리 몸을 공부

종류	관계	예	뜻
동의어 (同義語)	동의 관계	콩팥, 신장	형태는 다르지만 같은 의미를 가지는 단어
유의어 (類義語)	유의 관계	붉다, 빨갛다	형태는 다르지만 비슷한 의미를 가지는 단어
반의어 (反義語)	반의 관계	낮, 밤	반대되는 의미를 가지는 단어
상의어 (上義語)	상하 관계	곤충 나비, 메뚜기	한쪽이 의미상 다른 쪽을 포함하거나 다른 쪽에 포함되는 단어
하의어 (下義語)			
동음어 (同音語)	동음이의 관계	기관(器官) 기관(氣管)	동일한 형태가 별개의 의미를 나타내는 단어 (=동음이의어)
다의어 (多義語)	다의 관계	밥을 먹다 마음을 먹다	분명히 관련이 있는, 둘 이상의 뜻을 가지고 있는 단어

표 4-2 단어의 의미 관계를 나타내는 어휘 종류

할 때 나오는데요. 콩팥(신장), 갈비뼈(늑골), 가로막(횡격막), 작은창자
(소장), 큰창자(대장), 이자(췌장)가 이에 해당돼요.

·유의어·

동의어와 헷갈리는 단어가 있죠. 바로 유의어입니다. 동의어는 같은
의미, 유의어는 비슷한 의미를 갖는 거예요. '붉은 노을'이라는 제목의

엄띵이 쌤의 세 가지 맛 과학 공부법·

노래가 있는데요. 만약 노래 제목이 '빨간 노을', '벌건 노을'이라면요? 분명 '붉은색' 계열로 비슷한 색을 가리키지만 느낌이 확실히 달라요. 그래서 유의어는 문학적 글쓰기에 도움이 많이 됩니다.

·반의어·

반의어는 반대되는 의미를 갖는 단어를 말해요. 과학에서 특히 자주 나옵니다. 보통은 '있다'와 '없다'처럼 중간이 없이 둘로 나뉘는 반의어만 생각하기 쉬운데요. '크다'와 '작다'처럼 두 단어 사이에 여러 등급을 나눌 수 있는 반의어가 훨씬 많아요. 그래서 정도를 나타내는 부사 '매우'나 '더'와 함께 쓰여, '매우 크다'나 '~보다 더 크다'가 가능하죠. 기본적으로 '비교'를 떠올리며 공부할 필요가 있어요. 마지막으로 '주다'와 '받다', '상승'과 '하강', '위'와 '아래'처럼 상대적인 관계를 떠오르게 하는 반의어도 있답니다.

반의어 표를 볼 때 유용한 팁을 알려드릴게요. 예로 '완급'을 나타내는 문장을 보면요. 수온 약층의 수온 변화가 '급격히'라는 단어로 서술되어 있어요. 이때 수온이 '급격히' 변하는 수온 약층 외에 다른 층의 온도 변화는 어떨지 생각해보고, '급격히'의 반의어인 '서서히'라는 단어도 함께 떠올려보는 거지요.

표 4-3 과학 교과서에 자주 나오는 반의어 종류

분류		반의어		문장 예시
물질	유무	있다	없다	태양의 광구에서 흑점이 생기거나 사라지는 모습을 통해 태양의 활동 변화를 추측할 수 있다.
		생기다 나타나다	사라지다	
모양	모양	팽창 (膨脹, 부를 팽, 늘어날 창)	수축 (收縮, 거둘 수, 줄일 축)	공기 덩어리가 상승하면 단열 팽창이 일어나 기온이 낮아진다.
		이완 (弛緩, 느슨할 이, 느슨할 완)		폐는 근육이 없기 때문에 스스로 수축하거나 이완할 수 없다.◆
		늘어나다	줄어들다	기차 선로에 틈을 만들면 더운 여름철 선로의 길이가 늘어나 휘어지는 것을 방지할 수 있다.
		*펴지다	*찌그러지다	찌그러진 탁구공을 뜨거운 물이 담긴 비커에 올려두면 다시 펴진다.
		*벌어지다	*오므라들다	검전기의 금속판에 대전체를 가까이하면 정전기 유도 현상이 일어나 대전체와 같은 전하로 대전된 금속박이 벌어진다.
		상승 (上昇 윗 상, 오를 승)	하강 (下降, 아래 하, 내릴 강)	저기압에서는 바람이 주변에서 불어 들어와 상승 기류가 생기고, 고기압에서는 바람이 주변으로 불어 나가고 하강 기류가 생긴다.◆

- 표는 물질-모양-양-정도-구성-변화-방향 순으로 물질 개념표의 분류 순서를 이용했어요.
- 반의어의 왼쪽 칸은 큰 변화가 있는 단어, 오른쪽 칸은 작은 변화가 있는 단어로 실어요. (단, 두 단어를 묶는 한자어가 있는 경우 먼저 나오는 것을 왼쪽 칸에 넣음)
- 국립국어원에서 제시한 반의어는 아니지만 과학 교과서에서 반의 관계의 의미로 자주 쓰이는 경우 별표(*)를 추가했어요.

엄떵이 쌤의 세 가지 맛 과학 공부법 ·

모양	모양	올라가다	내려가다	대류권에서는 높이 올라갈수록 지표면에서 방출되는 에너지의 양이 감소하기 때문에 기온이 낮아진다.
		뜨다	가라앉다	물보다 밀도가 작은 나무는 물 위에 뜨고 물보다 밀도가 큰 돌은 물속에 가라앉는다.
			지다	지구가 자전축을 중심으로 서쪽에서 동쪽으로 하루에 한 바퀴씩 돌기 때문에 태양, 달, 별 등의 천체가 동쪽에서 떠서 서쪽으로 지는 것으로 보인다.
		녹다	얼다	얼음이 녹아 물이 되는 것은 융해의 예이고, 물이 얼어 얼음이 되는 것은 응고의 예이다.
			굳다	마그마가 식어서 굳어지면 화성암이 된다.
	기울기	급하다	완만하다	한랭전선에서 전선면의 기울기는 급하고, 온난전선에서 전선면의 기울기는 완만하다.◆
	완급	서서히	급격히	혼합층 아래에는 수온이 급격히 변하는 수온약층이 나타난다.◆
	개폐	열다 개(開, 열 개)	닫다 폐(閉, 닫을 폐)	혈액은 한 방향으로만 흘러야 하기 때문에 혈액이 거꾸로 흐를 때는 판막이 닫힌다.
	관계	밀다 척(斥, 물리칠 척)	당기다 인(引, 끌 인)	같은 종류의 전기를 띠는 물체 사이에는 서로 밀어내는 척력이 작용하고, 다른 종류의 전기를 띠는 물체 사이에는 서로 당기는 인력이 작용한다.
	요철	오목 요(凹, 오목할 요)	볼록 철(凸, 볼록할 철)	나란하게 들어온 빛이 볼록 렌즈에서는 렌즈 뒤 한 점으로 모이고 오목 렌즈에서는 굴절되어 넓게 퍼진다.
양	경중	가볍다 경(輕, 가벼울 경)	무겁다 중(重, 무거울 중)	물체가 무겁다는 것은 물체에 작용하는 중력의 크기가 크다는 것이다.

정도	다소	**많다** 다(多, 많을 다)	**적다** 소(少, 적을 소)	목성형 행성은 지구형 행성과 달리 고리가 있고 위성 수가 많다.
	최대 최소	**최대**	**최소**	어떤 온도에서 일정한 양의 용매에 용질이 더 이상 녹을 수 없을 만큼 최대로 녹아 있는 용액을 포화 용액이라고 한다.◆
	on/off	**켜다**	**끄다**	전기 회로에서 스위치를 닫으면 전지의 (-)극에서 (+)극 쪽으로 전자가 이동하여 전류가 흐르기 때문에 전구에 불이 켜진다.
	동이	**같다** 동(同, 같을 동)	**다르다** 이(異, 다를 이)	일산화 탄소(CO)와 이산화 탄소(CO_2)는 구성 원자는 같지만 물질의 성질은 서로 다르다.
	빠르기	**빠르다**	**느리다**	같은 시간 동안에 이동한 거리가 더 긴 물체의 속력이 빠르다.
		빨리	**천천히**	마그마가 지표로 나오면 빨리 식어 광물 결정이 작은 화산암이 되고, 지하 깊은 곳에서는 천천히 식어 광물 결정이 큰 심성암이 된다.
	거리	**멀다** 원(遠, 멀 원)	**가깝다** 근(近, 가까울 근)	관측자와 물체까지의 거리가 멀수록 시차는 작아진다.
	온도	**뜨겁다** *따뜻하다 난(溫, 따뜻할 난)	**차다** 한(寒, 찰 한)	해류에는 저위도에서 고위도로 흐르는 따뜻한 '난류'와 고위도에서 저위도로 흐르는 찬 '한류'가 있다.
			차갑다 *시원하다	여름날 바닷가에 가면 뜨거운 모래로 찜질을 할 수 있고, 시원한 바닷물에서 해수욕을 즐길 수 있다.
		덥다	**춥다**	우리나라 겨울철 날씨는 북서쪽에 있는 시베리아 기단의 영향으로 춥고 건조하다.

정도	습도	습하다	건조하다	비가 많이 와서 습한 장마철에는 습도가 높아 빨래가 잘 마르지 않는다.
	밀도	*빽빽하다	*성글다 *듬성듬성하다	용수철을 앞뒤로 밀고 당기면 용수철의 한 점이 앞뒤로 진동하며 빽빽하고 성근 곳이 만들어진다.
	농도	진하다	옅다	농도는 용액의 진하거나 옅은 정도를 나타낸다.
	넓이	넓다 광(廣, 넓을 광)	좁다 협(狹, 좁을 협)	소장 안쪽 벽은 주름과 융털 때문에 영양소와 닿는 표면적이 매우 넓어 영양소를 효율적으로 흡수할 수 있다.◆
	깊이	깊다 심(深, 깊을 심)	얕다 천(淺, 얕을 천)	수온 약층은 깊이가 깊어질수록 수온이 급격히 낮아지는 층으로 매우 안정하다.◆
	두께	두껍다	얇다	가까운 곳을 볼 때는 수정체가 두꺼워지고, 먼 곳을 볼 때는 수정체가 얇아진다.
	굵기	굵다	가늘다	모세 혈관은 몸 전체에 퍼져 있는 가느다란 혈관으로, 그 크기가 적혈구 하나가 겨우 지나갈 정도이다.
	높이	높다 고(高, 높을 고)	낮다 저(低, 낮을 저)	주변보다 기압이 높은 곳을 고기압, 주변보다 기압이 낮은 곳을 저기압이라고 한다.
	길이	길다 장(長, 길 장)	짧다 단(短, 짧을 단)	가야금은 짧은 줄을 튕기면 높은 소리가 나고, 긴 줄을 튕기면 낮은 소리가 난다.◆
	굳기	단단하다	물렁하다 *무르다	굳기가 다른 광물을 서로 긁으면 단단한 광물이 덜 단단한 광물에 흠집을 낸다.◆
	밝기	밝다 명(明, 밝을 명)	어둡다 암(暗, 어두울 암)	별은 등급의 숫자가 작을수록 밝은 별이다.◆
	주야	낮 주(晝, 낮 주)	밤 야(夜, 밤 야)	식물의 기체 교환에서 낮에는 광합성량이 호흡량보다 많고, 밤에는 호흡만 일어난다.◆

• 반의어와 상의어 · 하의어에도 관심 가져주세요

	세기	강하다 강(强, 굳셀 강) 세다	약하다 약(弱, 약할 약)	자석 주위에 생기는 자기장의 세기는 자극에서 가장 강하고 자극에서 멀어질수록 약해진다.◆
	크기	크다 대(大, 클 대)	작다 소(小, 작을 소)	눈 오는 날 자동차 바퀴에 체인을 감아 마찰력을 크게 하면 미끄러지는 것을 방지할 수 있다.
	난이	어렵다 난(難, 어려울 난)	쉽다 이(易, 쉬울 이)	전 지구적인 노력 없이 위협받고 있는 생물 다양성을 보전하기 어렵다.
	유·불리	유리	불리	세포는 부피당 표면적의 비가 커야 외부와 물질을 교환하기에 유리하다.
구성	출입	나가다 출(出, 날 출)	들어오다 입(入, 들 입)	갈비뼈와 가로막의 움직임에 따라 폐의 크기가 변해 숨이 들어오고 나간다.◆
	수수	주다 수(授, 줄 수)	받다 수(受, 받을 수)	물체가 힘을 받으면 모양이나 운동 방향 및 빠르기가 변한다.
	가감	더하다 가(加, 더할 가)	빼다 감하다 감(減, 덜 감)	탄산 음료를 넣고 감압 용기 속의 공기를 빼내면 기포가 더 많이 발생한다.
	득실	얻다 득(得, 얻을 득)	잃다 실(失, 잃을 실)	두 물체를 마찰시켰을 때 전자를 잃은 물체는 (+)전기를 띠고 전자를 얻은 물체는 (-)전기를 띤다.◆
	구성 변화	*합하다 합(合, 합할 합)	*나누다 분(分, 나눌 분)	세포 한 개가 둘로 나누어지는 세포 분열에는 체세포 분열과 생식세포 분열이 있다.
	규칙성	규칙적이다	불규칙적이다 (=규칙적이지 않다)	고체 상태의 물질은 입자가 규칙적으로 배열되어 있고, 액체 상태의 물질은 불규칙하게 배열되어 있으며, 기체 상태의 물질은 입자가 매우 불규칙하게 배열되어 있다.◆

구성	움직임	*활발하다	*둔하다	온도가 높은 물체의 입자 운동은 활발하고 온도가 낮은 물체의 입자 운동은 둔하다.
	내외	안 내(內, 안 내)	밖 외(外, 바깥 외) 바깥	공변세포는 안쪽 세포벽이 바깥쪽 세포벽보다 두꺼워 진하게 보인다.◆
	표리	겉 표(表, 겉 표)	속 리(裏, 속 리) 안	콩팥은 콩팥 겉질과 콩팥 속질, 콩팥 깔때기로 이루어져 있다.
	음양	음	양	(+)전하를 띠는 입자를 양이온, (-)전하를 띠는 입자를 음이온이라고 한다.◆
	지역	*대륙	*해양	기단은 공기 덩어리가 고위도나 저위도의 넓은 대륙이나 해양에 오랫동안 머물 때 생성된다.◆
		육지	바다	바다와 육지의 열용량 차이로 인해 낮에는 해풍이 불고 밤에는 육풍이 분다.
변화	열 출입	가열 (加熱, 더할 가, 더울 열)	냉각 (冷却, 찰 랭(냉), 물리칠 각)	입자의 배열 상태가 달라지는 상태 변화가 일어나는 동안에는 물질을 가열하거나 냉각해도 온도가 변하지 않고 일정하게 유지된다.◆
		흡수 (吸收, 마실 흡, 거둘 수)	방출 (放出, 놓을 방, 날 출)	화학 반응이 일어날 때 에너지를 방출하면 주변의 온도가 높아지고, 에너지를 흡수하면 주변의 온도가 낮아진다.◆
	평형	*증발 (蒸發 찔 증, 일어날 발)	*응결 (凝結, 엉길 응, 맺을 결)	이슬점은 공기 중에 있는 수증기가 응결하기 시작하는 온도이다.
		*용해 (溶解, 녹을 용, 풀 해)	*석출 (析出, 쪼갤 석, 날 출)	용해도 곡선을 통해 가열할 때 더 용해되는 용질의 양과 냉각할 때 석출되는 용질의 양을 알 수 있다.◆

변화 유무	달라지다 *변하다	같아지다	화학 반응이 일어날 때 물질을 구성하는 원자의 배열은 달라지더라도 원자의 종류와 수는 변하지 않으므로 물질의 총질량은 변하지 않는다.◆	
방향	상하	위 상(上, 윗 상)	아래 하(下, 아래 하)	실내에 에어컨을 켜면 찬 공기는 아래로 내려가고 따뜻한 공기는 위로 올라가 방 전체의 공기가 순환된다.
	좌우	왼쪽 좌(左, 왼쪽 좌)	오른쪽 우(右, 오른쪽 우)	달은 오른쪽 반달로 보이는 때인 상현부터 보름달로 보이는 망에 이르기까지 점점 차오른다.
	종횡	세로 종(縱 세로 종)	가로 횡(橫 가로 횡)	주기율표에서 가로줄은 주기, 세로줄은 족이라고 한다.◆
	전후	앞 전(前, 앞 전)	뒤 후(後, 뒤 후)	거울 앞에서 나를 볼 때 발끝에서 나온 빛이 거울에서 반사되어 내 눈에 닿지만 반사 광선의 연장선인 거울 뒤 발끝으로부터 빛이 나온 것으로 느낀다.
	수직 수평	수직 (垂直, 드리울 수, 곧을 직)	수평 (水平, 물 수, 평평할 평)	용수철을 좌우로 흔들면 파동의 진행 방향과 용수철의 진동 방향이 서로 수직인 횡파가 만들어진다.
	회전	*시계방향	*반시계 방향 (=시계 반대 방향)	지구에서 북쪽 하늘을 바라보면 별들이 북극성을 중심으로 원을 그리며 시계 반대 방향으로 운동하는 것처럼 보인다.

엄떵이 쌤의 세 가지 맛 과학 공부법 ·

·상의어와 하의어·

　다음은 상하 관계를 나타내는 상의어와 하의어예요. 과학 개념을 배우고 익히는 것은, 결국 머릿속에 틀을 짜는 과정인데요. 서랍장을 만들어 과학 개념을 특정 기준으로 분류한 후 라벨링하는 거예요. (라벨링은 이름이 써진 스티커를 붙인다고 생각하면 돼요.) 1차로 라벨링한 개념 덩이를 더 상세히 분류해서 2차로 라벨링하는 거구요. 이 과정을 반복하면 '과학 개념'이라는 큰 서랍장 안에 있던 서랍이 다시 새로운 서랍장이 되고, 그 서랍장 속 더 작은 서랍이 다시 새로운 서랍장이 되는 거죠.

　지구과학 서랍장 중 '지구계'에 지권, 수권, 기권, 생물권, 외권이라는 서랍이 만들어지고요. (생물권은 생명과학과도 이어지겠지요.) 다시 지권이라는 서랍은 지각, 맨틀, 외핵, 내핵이라는 칸이 있는 새로운 서랍장이 되는 거예요. 이때 지권이 '상의어'라면 새롭게 라벨링한 지각, 맨틀, 외핵, 내핵이 '하의어'가 되는 거죠. 반대로 지권이 '하의어'라면 지구계가 '상의어'가 되는 것이구요. 그래서 상의어와 하의어는 정해지는 것이 아니라, 다른 개념과의 상대적인 '관계'로 결정됩니다.

　멸종위기 야생생물은 '야생생물 보호 및 관리에 관한 법률(약칭: 야생생물법)'에 따라 5년을 주기로 다시 정해지는데요. 2023년 환경부에서 발표한 멸종위기 야생생물 중 I급에 해당하는 동물과 식물 중 몇 분들을 조심히 모셔왔어요. (극진히 대접해드려야 합니다. 이분들은 5년 전에도 I급이셨거든요. '행복한 숲'이 어떤 곳일지 곰곰이 생각해볼까요?) 그림 4-2에 소개된 생물들의 모습을 보며 단어 간의 관계를 찾아보세요.

· 반의어와 상의어 · 하의어에도 관심 가져주세요

반달가슴곰   두루미   수원청개구리   광릉요강꽃   한라솜다리   한란

그림 4-2   멸종위기 야생생물 Ⅰ급

    그림 4-2 맨 위에 있는 '생물'이 상의어라면 동물과 식물은 하의어가 되죠. 동물이 상의어라면 그림에 있는 동물들은 하의어가 되구요. 식물도 마찬가지예요. 무엇보다 중요한 것은 그림 속에 나온 동물과 식물 외에도 멸종위기생물이 훨씬 많다는 거예요. 단어 간의 관계도, 멸종위기생물에도 관심을 갖고 관찰하다 보면요. 겉으로 드러난 것 그 이상을 보게 될 거예요.

·동음어·

    동음어는 '동음이의어'라고도 해요. 잘 활용하면 개그의 소재가 되어주지만, 과학 교과서 안에 동음어가 그리 많지는 않아요. 생물의 구성 단계에 해당하는 기관(器官, 기관 기, 벼슬 관)과 호흡계에서 배우는 기관(氣

엄띵이 쌤의 세 가지 맛 과학 공부법 ·

管, 공기 기, 대롱 관) 정도네요. 기관(氣管)이라는 기관(器官)은 공기가 드나드는 관으로 코와 연결되어 있어요. 기관에서 나뭇가지처럼 뻗어 나와 더 가느다란 것은 '기관지(氣管枝, 공기 기, 대롱 관, 가지 지)'라고 하구요. 동음어가 나온다 해도 보통은 문장 내에서 의미가 파악되기 때문에 걱정거리가 되진 않을 거예요.

·다의어·

다의어는 여기저기 활용 가능한 만능어입니다. '치킨마요를 먹다'와 '과학 공부하기로 마음을 먹다'에서 공통적으로 '먹다'라는 단어가 들어가요. 앞의 '먹다'는 '음식 따위를 입을 통하여 배 속에 들여보내다'라는 뜻으로 '소화'와 관련이 있구요. 뒤의 '먹다'는 '어떤 마음이나 감정을 품다'라는 뜻으로 쓰였어요. 음식도 마음이나 감정도 결국 내가 품는 것이라 뜻이 관련 있어 보입니다. 전혀 다른 의미를 나타내는 동음어와는 달리, 뜻이 서로 통한다는 다의어만의 특징이 있네요.

단어를 익히는 과정에서 필요한 '단어의 의미 관계'에 대해 알아봤어요. 동의어 중 교과서에 나오는 개념 그대로 정확히 외워두세요. 비슷한 유의어는 적재적소에 사용하고, 반의어와 상의어 · 하의어는 과학 개념을 익힐 때 적극 이용해보세요. (반의어로 '뒤집어보기' 하면 상상력도 키울 수 있어요. 세포가 지구만큼 커지면 어떻게 될지, 지구가 세포만큼 작아지면 어떻게 될지 상상해보게 된다니까요.)

4
과학 개념과 구, 문장을 끊어서 읽어볼게요

　　과학 공부에 대한 노하우가 좀 쌓이고 있는지 궁금하군요. 그런데 '과학이 이렇게 쉬운 과목이었나?'라며 쉬지 않고 공부하면 큰일 나요. (너무 기대가 큰가요? 하하하.) 그나마 있던 집중력도 달아나거든요. 이럴 때 '쉼'이 필요해요. 공부의 흐름을 끊는 쉼이 아니라, 다음 공부를 위한 쉼이지요.

　　'아버지가방에들어가신다'라는 유명한 문장이 있어요. 띄어쓰기가 얼마나 중요한지 말해주는 문장인데요. 어디서 끊어 읽느냐에 따라 의미가 달라져요. 만약에 아버지가 들어갈 수 있을 만큼 큰 가방이 설치미술로 전시되어 있다면 '아버지 가방에 들어가신다.'라는 문장도 가능하겠죠. 하지만 사람이 들어갈 정도로 큰 가방은 실제로 거의 없을 거예요. 그러니 '상식 수준'에서 문장을 읽어내는 센스도 가끔은 필요하답니다.

그림 4-3 아버지가 가방에 들어가는 모습

단어와 단어가 결합해서 새로운 개념이 만들어져요

단어부터 '끊어 읽기' 해볼게요. (실제로 띄어쓰기 없이 붙어 있는 한 단어는 끊어 읽지 않아요. 어디까지나 과학 개념의 이해를 돕기 위한 방법임을 밝혀둡니다.) 단어에는 '과학', '한자', '국어', '진짜', '쉽다'처럼 단일어가 있구요. '반달가슴곰', '조용히', '지켜내다'와 같은 복합어가 있어요. 단일어는 당연히 빠른 숨으로 한 번에 읽구요. 복합어를 읽을 때도 쉼이 있다고 느낀 적은 거의 없을 거예요. '반달가슴곰'을 '반달/가슴/곰'으로 '조용히'를 '조용/히'로, '지켜내다'를 '지켜/내다'로 읽진 않으니까요.

그런데 복합어라는 것만 알아도 과학 개념의 뜻을 유추하기가 쉬워져요. '전력/량'과 '계수/비', '온몸/순환'이나 '산개/성단'처럼요. 빗금(/) 표시가 된 곳에서 잠시 쉬면 의미가 분명해지는 느낌, 저만 그런가요?

엄떵이 쌤의 세 가지 맛 과학 공부법 •

'량(量)', '비(比)', '순환(循環)', '성단(星團)'처럼 개념표에서 과학 개념을 묶는 특정 한자나 한자어를 많이 만났는데요. 이들 한자나 한자어가 단어를 읽을 때 쉼에 대한 힌트가 되어 과학 개념을 이해하는 데 도움을 줍니다.

단어에서 끊어 읽기는 외래어에서 아주 유용합니다. DNA는 염색체를 구성하는 유전 물질인데요. (우리 각자의 모습을 만드는 근원이 되는 물질이죠.) DNA라는 큰 분자는 '뉴클레오타이드'라는 기본 단위체로 되어 있고, 이 단위체는 인산, 당, 염기가 1 : 1 : 1로 결합되어 있어요. 당의 이름은 '디옥시라이보스(deoxyribose)'구요. 또 다른 핵산인 RNA의 당은 '라이보스(ribose)'예요. (DNA와 RNA의 염기는 고등학교 1학년 때 배워요.) 두 핵산의 당을 비교해보니, '디옥시라이보스'는 '디옥시/라이보스'로 읽어야 할 듯하네요. '뉴클레오/타이드'도 중간에 잠시 쉼을 주세요.

한글 맞춤법에 따르면 학술 용어나 기술 용어와 같은 전문 용어는 단어별로 띄어 씀을 원칙으로 하되, 붙여 쓸 수 있어요. 두 개 이상의 어근이 결합해서 만들어진 합성어는 본래 붙여 써야 하지만, 전문 용어에 속하는 합성어는 '볼록 거울'이나 '오목 거울'처럼 띄어서 쓰거나, '볼록거울'과 '오목거울'처럼 붙여 써도 괜찮아요. (다만, 붙여서 쓴 과학 개념을 보고 여러 단어가 합쳐졌다는 것을 알면 좋겠네요.) 물체의 굴곡을 의미하는 '볼록'과 '오목'이 띄어져 있으면 거울의 종류가 한정되어 뜻이 더 명확해집니다. 그러면 거울 앞에 또 다른 단어 '평면'이 들어가 새로운 개념을 만든다는 것도 알게 돼요. 이제 '볼록/거울', '오목/거울'로 끊어서 읽어보세요.

차례 단원명을 끊어 읽기 해봐요, 단 의미에 맞게!

문장 끊어 읽기로 넘어가기 전, '구(句)'를 소개합니다. '구'는 문장을 이루는 문법 단위 중 하나로, 두 개 이상의 어절(대개 띄어쓰기와 일치합니다.)이 결합해 하나의 단어처럼 기능하는데요. 교과서 '차례'에 제시된 단원명의 대부분이 '구'예요. 단원명의 마지막 끝에 주격조사 '이/가'가 자연스럽게 연결되는 것을 보니, 구의 종류 중에서도 '명사구'에 해당되네요.

교과서 차례를 끊어 읽기 해볼까요? 'A와/과 B'나 'A의 B'처럼 접속 조사 '와/과'나 관형격 조사 '의'가 하나만 나올 때는요. 띄어쓰기가 된 곳에서 잠시 쉬면 돼요. '화산대와/지진대', '파동의/종류'처럼요. 그러면 화산대와 지진대가 연이어 나온다는 것, 파동이 여러 가지 종류가 있음을 알 수 있죠.

접속 조사 '와/과'와 관형격 조사 '의'가 같이 나오면요. 어떤 의미 구조로 연결되어 있는지 보세요. '생물의 구성과 다양성'이라는 단원을 보고, '[생명의 구성]과 다양성'인지 '생명의 [구성과 다양성]'인지 생각해 보자구요. 앞부분처럼 대괄호를 묶으면 다양성의 주체가 없어요. '생명의 구성'과 '생명의 다양성'을 한 번에 실어놓았기 때문에 '생명의/구성과 다양성'이라고 읽는 것이 좋겠어요. '화학 반응의/규칙과 에너지 변화'도 같은 이치예요. 반면 '수권과 해수의 순환'에서는 해수만 순환하기 때문에 '수권과/해수의 순환'으로 읽으면 된답니다.

단원명의 형태가 '어찌하는 무엇'이나 '어떠한 무엇'을 포함하고 있을

엄떵이 쌤의 세 가지 맛 과학 공부법 ·

때는 무엇 앞에서 끊어주면 됩니다. ('어찌하다'는 동사를, '어떠하다'는 형용사를 말해요.) '운동하는/지구', '밀도 차를 이용한/분리', '몸에 필요한/영양소', '마찰하면 생기는/전기'로 말이죠. '세포 분열이 필요하다'처럼 주어와 서술어가 있는 관형절이 포함된 구의 경우도요. 마지막 단어 앞에서 끊어줍니다. 그러면 '세포 분열이 필요한/까닭'에서 세포가 분열한다는 것과 함께 왜 분열하는지 공부함을 알 수 있죠. 단, 무엇에 해당하는 부분이 띄어져 있는 경우 한 덩이로 봐주세요. '물질마다 다른/온도 변화'처럼 말이죠.

이처럼 교과서 차례를 의미 구조와 연결해 '끊어 읽기' 해보세요. 띄어쓰기가 된 부분을 다 같은 크기의 쉼으로 읽을 때와는 다른 느낌으로 내용이 다가옵니다.

교과서 문장도 끊어 읽기 연습해요

마지막으로 '문장 끊어 읽기' 들어갑니다. 용해도를 어려워하는 학생들이 많아 '용해도'의 정의를 갖고 왔어요.

> 어떤 온도에서 용매 100g에 최대로 녹을 수 있는 용질의 g 수를 용해도라고 한다.*

용해도를 모르는 학생이라면 '용해도'라는 단어에 꽂혀 어려워 말고,

용해도를 보이지 않는 특정한 '어떤 것(something)'이라고 생각해보세요. 보통 모르는 용어나 눈에 보이지 않는 개념이 나오면 덜컥 겁부터 나기 쉬운데요. 이럴 때 문장에서 정의하는 그 어떤 것을 '용해도'라고 이름 붙였다고 받아들여 보는 겁니다.

용해도를 정의한 문장을 이해하기 위해서는 온도, 용매, 용질과 같은 명사뿐만 아니라 조사 '-에서', '-에', '로'와 동사 '녹다' 등을 알면 되죠. 너무 시시한가요? 앞에서 나온 개념표와 33가지 덩어리를 읽은 것이 도움이 되어야 하는데 말이죠.

우선 이 문장을 쪼개보면 '-에서'라는 장소나 조건을 뜻하는 덩어리 하나, 숫자와 함께 조건을 제시한 덩어리 하나, 용해도의 정의에서 가장 핵심인 내용과 마지막까지 총 4개로 나눠볼 수 있어요.

어떤 온도에서/ 용매 100g에 최대로 녹을 수 있는/ 용질의 g 수를/ 용해도라고 한다./

이제 빗금 친 문장을 보면서 궁금했던 것을 다 써보는 거예요. 빗금이 없어도 결과는 같지만요. 덩어리로 보다 보면 조건이 바뀌는 상황을 유추하기 쉽고, 새로운 질문거리가 쉽게 떠올라요. 이런 질문이 쌓이고 연결되는 과정이 곧 '공부'라 할 수 있어요. (다만, 평소에 '생각하고 질문하기'가 기본이 되어야 해요.)

아래 질문에 대해 모두 '예'라고 답할 수 있을 때, 용해도를 정의한 문장을 다시 읽어보세요. 용해도가 더 분명한 모습으로 다가올 거예요. (참

엄떵이 쌤의 세 가지 맛 과학 공부법 ·

고로 '과포화 용액'은 포화 용액을 천천히 냉각시키며 만들기 때문에 일정 시간이 필요해요. 주어진 온도의 어느 한 시점에 만들어지는 것이 아닌 거죠.)

- 다른 온도에서는 녹는 양이 다른가?
- 용매에 용질이 녹는 것인가?
- 용매를 100g으로 정해놓은 것을 보니, 용매가 100g이 아닐 때는 녹을 수 있는 용질의 양이 다른가?
- 용매와 용질, 용해도 모두 g으로 같은 단위를 사용하나?
- 주어진 온도에서 최대로 녹을 수 있는 양이니까, 그 이상 녹을 수 없다는 것인가? 더 적은 양이 녹아 있을 수도 있다는 것인가?
- 용해도가 g 수니까 숫자로 주어지는 것인가?

이제 용해도를 정의한 문장을 마침표에서 앞으로 거슬러가며 연결해볼 거예요. '용해도(溶解度)'는 한자 그대로 '녹는 정도'입니다. 그렇다면 녹는 정도가 얼마인지 숫자로 나오겠지요. 당연히 녹는 물질인 '용질의 양'이 용해도가 될 테구요. 그래서 용해도는 용질의 양을 g 수로 나타냅니다.

좀 더 생각해볼까요? 용질을 녹이려면 용매가 필요해요. (녹는 물질인 용질은 녹이는 물질인 용매가 없으면 의미가 없죠.) 그런데 용매의 양이 많을수록 녹는 용질의 양도 많아지기 때문에, 특정한 숫자값으로 정할 수가 없겠네요. 그래서 용매의 양을 100g으로 한정한 거예요. 또 정해진 용매에 무한정 많은 양의 용질을 녹일 수 없구요. 만약 준비된 용질의 양이 적다면 그 양만큼만 녹아 있을 수도 있겠지요. 그래서 '최대'라는 개념이 나온 거예요.

온도에 따라 어떻게 될지 생각해보면요. 뜨거운 물에 설탕이 더 많이 녹는다는 것을 경험상으로 알잖아요. 그러니 온도에 따라 용해도가 달라질 게 뻔하네요. 그렇다면 특정한 온도라는 조건을 달아줘야겠어요. 이렇게 연결한 것을 토대로 용해도를 정의해보면, '어떤 온도에서 용매 100g에 최대로 녹을 수 있는 용질의 g 수'가 됩니다. 끊어 읽기를 이용해 용해도를 정의해보니, '끊어 읽기'가 단순히 문장을 나눈 것이 아님을 알 수 있네요. 끊어진 문장을 보고 '생각하고 질문하기'를 반복하다 보면 문장을 이해하는 데 큰 도움이 되거든요. (반대로 문장의 뜻을 이해하고 나면 제대로 끊어 읽기도 가능하답니다.)

어떤가요? 끊어 읽기가 갖는 힘이 꽤나 크죠? 그러니 과학 개념을 만날 때는 과학 개념을 묶는 특정 한자나 한자어에서 한번 쉼을 주고요. 구(句)에서는 의미 구조와 연결된 끊어 읽기를, 과학 개념을 정의한 문장에서도 의미 있는 덩어리로 끊어 읽기 해보세요. 리듬이 생기면서 공부가 훨씬 재미있어질 거예요.

엄떵이 쌤의 세 가지 맛 과학 공부법 ·

5

교과서 문장 사이의 연결 속
비밀이 보이나요?

문장이 모여 문단을 이룰 때

영어 지문을 해석할 때 모든 단어를 알아야 하는 건 아니에요. 왜 가끔은 눈치로 문제를 푼다는 느낌이 들 때가 있잖아요. 특정 단어를 몰라도 문장 사이의 연결을 파악해서 단어의 '말맛'(뉘앙스라는 단어를 쓰고 싶은데, 한글을 사랑하는 마음으로 바꿔봤어요.)을 알 수 있는 것처럼요.

이제 문장에 이어 '문단'에 대해 알아보려구요. 문단은 여러 개의 문장으로 이루어진 글의 기본 단위로, '단락'이라고도 해요. 문단은 한 글자 들여쓰기가 있는 부분부터 그다음 들여쓰기 전까지를 말하는데요. 지금 이 문단은 '이제 문장에 이어'로 시작해 이 문장이 끝나는 곳까지인 거죠.

'생각과 질문'을 강요하는 책이니까, 왜 문단이 있는지 고민해볼까요?

왜 첫 칸을 들여쓰기 하는지 말이죠. 우선 시각적으로 안정감을 줍니다. 또 '새로운 이야기가 시작될 거야.'라는 신호이기 때문에 잠시 쉬어가라는 의미이기도 해요. 소설에서는 새로운 인물이 등장하거나 배경이 바뀔 때 문단이 나뉘죠. (시에서는 들여쓰기가 아니라 '연'을 다르게 해요.) 일기 쓸 때 새로운 이야기에서 한 칸 들여쓰기 해보세요. 별것 아닌 듯 보여도 글 전체에 여유를 줄 거예요.

보통, 문단은 중심 문장과 뒷받침 문장으로 이루어지는데요. 중심 문장은 해당 문단의 핵심 주제가 있는 문장이구요. 뒷받침 문장은 중심 문장을 설명하거나 증명하기 위해 따라오는 문장이에요. 이때 중심 문장이 앞에 오면 두괄식, 끝에 오면 미괄식, 앞과 뒤에 다 두면 양괄식이라고 하는 거구요.

한 문단에서 중심 문장을 찾는 일은 매우 중요해요. 문단을 제대로 이해했는지 알 수 있는 방법이기도 하구요. 이때 필요한 것이 숨어 있는 '관계'를 눈치채는 것인데요. 바로 문장과 문장 사이의 연결을 파악하는 겁니다.

접속 표현은 연결을 기본으로 해요

사실 '연결'은 문장 사이에만 있는 것은 아니에요. 차례에 있는 단원명에서 살펴보았듯 단어와 단어를 이어주는 접속 조사 '와/과'가 있구요. 또 누렁이와 함께 나온 33가지 덩어리 중 '-(으)면서', '-(으)며', '-지마는', '-(으)ㄹ수록', '(으)려면', '-(으)면'처럼 문장 안에서 절과 절을 이어주는 '연결 어미'도 있어요.

그리고 과학 교과서 안에서 문장과 문장 사이를 잇는 접속 표현도 있습니다. 대부분은 문장 부사가 이에 속하구요. (문장 부사는 '다만', '만약', '비록'처럼 말하는 이의 태도를 나타내는 '양태 부사'와 단어와 단어, 문장과 문장을 이어주는 '접속 부사'를 포함합니다.) 과학 교과서에서 자주 만날 수 있는 형태 그대로 표에 실었어요. (의미를 살리기 위해 형태 그대로를 싣다보니 실제 문법 형태와 차이가 있을 수 있어요.) 또 여러 가지 의미로 쓰이는 일부 부사는 과학 교과서 문장 속 쓰임에 따라 특정 예에만 넣었어요. ('그런데'가 전환이 아닌 '역접'으로, '그래서'가 결과가 아닌 '순접'의 의미로도 쓰여요.)

'접속 표현'의 등장만으로 다음에 이어질 내용이 자연스럽게 연상됩니다. 과학 교과서에서 특히 많이 나오는 것을 꼽아보면요. 앞 문장과 뒷 문장을 대등하게 연결할 때 쓰는 '또', 다른 화제로 분위기를 전환할 때 쓰는 '한편'과 앞 문장 내용을 그대로 이어받아 요약·정리할 때 사용하는 '이처럼', '이와 같이'가 있어요. 이제 문장 예시로 감(感)을 익혀볼 차례입니다.

표 4-4 문장을 연결하는 접속 표현

종류		뜻 [주로 쓰이는 형태], 문장 예시
순접	그리고	단어, 구, 절, 문장 따위를 병렬적으로 연결할 때 쓰는 접속 부사. ▶ 태양의 활동이 활발해지면 지구에서는 자기 폭풍이 발생한다. **그리고** 고위도 지역에서는 오로라가 더 자주 나타나고, 위도가 낮은 지역에서 오로라가 나타나기도 한다.◆
역접	그러나	앞의 내용과 뒤의 내용이 상반될 때 쓰는 접속 부사. ▶ 물체는 일반적으로 (+)전하의 양과 (-)전하의 양이 같아 전기를 띠지 않는다. **그러나** 종류가 다른 두 물체를 마찰하면 마찰 전기가 생기는데, 이는 한 물체에서 다른 물체로 (-)전기를 띤 전자가 이동하기 때문이다.◆
	하지만	서로 일치하지 아니하거나 상반되는 사실을 나타내는 두 문장을 이어줄 때 쓰는 접속 부사. ▶ 체세포 분열에서는 딸세포와 모세포의 염색체 수가 서로 같다. **하지만** 감수 분열에서는 딸세포의 염색체 수가 모세포에 비해 절반으로 줄어든다.◆
	반면(에)	반면: [명사] 뒤에 오는 말이 앞의 내용과 상반됨을 나타내는 말. ['반면'으로 주로 쓰임] ▶ 멘델의 유전 원리에 따르면 우성 형질 사이에서는 우성 형질인 자녀와 열성 형질인 자녀가 모두 태어날 수 있다. **반면** 열성 형질 사이에서는 열성 형질인 자녀만 태어난다.◆

- 순접은 그대로, 역접은 반대로, 전환은 다른 화제로, 첨가는 보충하여 잇는 것입니다. 원인이나 결과, 요약·정리로 잇거나 예시나 조건, 강조로 문장을 이을 수도 있습니다.
- '만약'과 '비록'은 문장의 앞머리에 나오기 때문에 예외적으로 한 문장으로 이어져 있어요.
- 접속 표현에 포함되지 않지만 과학 교과서에서 문장을 연결할 때 자주 쓰이는 경우 별표(*)를 추가했어요.

엄떵이 쌤의 세 가지 맛 과학 공부법·

	반대로	반대: [명사] 어떤 행동이나 견해, 제안 따위에 따르지 아니하고 맞서 거스름. [반대로'로 주로 '쓰임]
		▶ 물질의 상태가 고체에서 액체를 거치지 않고 기체로 변하는 현상을 승화라고 한다. **반대로** 기체에서 곧바로 고체로 상태가 변하기도 하는데 이러한 상태 변화도 승화라고 한다.◆
	*이와 달리 (=이와 다르게)	달리: [부사] 사정이나 조건 따위가 서로 같지 않게.
		▶ 대뇌의 판단 과정을 거쳐 자신의 의지에 따라 일어나는 반응을 의식적 반응이라고 한다. **이와 달리** 대뇌의 판단 과정을 거치지 않아 자신의 의지와 관계없이 일어나는 반응을 무조건 반사라고 한다.◆
전환	그런데	화제를 앞의 내용과 관련시키면서 다른 방향으로 이끌어 나갈 때 쓰는 접속 부사.
		▶ 우리 눈에 보이는 별의 밝기를 등급으로 나타낸 것을 겉보기 등급이라고 한다. **그런데** 거리에 상관없이 나타낸 겉보기 등급으로는 별의 실제 밝기를 비교할 수 없어 별들이 모두 같은 거리인 10pc에 있다고 가정하여 나타낸 절대 등급으로 비교한다.◆
	그러다가	앞의 일이나 상황을 계속 진행하다가 다른 일이나 상황이 이어 일어남을 나타낼 때 쓰여 앞뒤 문장을 이어 주는 말.
		▶ 물이 들어 있는 시험관을 냉각하면 온도가 서서히 낮아진다. **그러다가** 물의 온도가 0℃가 되어 물이 얼기 시작하면, 온도가 더 이상 낮아지지 않고 일정하게 유지된다.◆
	한편	어떤 일에 대하여, 앞에서 말한 측면과 다른 측면을 말할 때 쓰는 말.
		▶ 가벼운 물체보다 무거운 물체를 이동시킬 때 더 큰 힘이 필요하다. 물체의 무게가 무거울수록 마찰력의 크기가 더 크기 때문이다. **한편**, 같은 물체라도 접촉면의 거칠기에 따라 마찰력의 크기는 달라지는데 접촉면이 거칠수록 마찰력의 크기가 더 크다.

	또	그뿐만 아니라 다시 더.
		▶ 매일 같은 시각에 달을 관찰하면 달의 위치가 서쪽에서 동쪽으로 조금씩 이동한 것을 볼 수 있다. **또**, 보이는 달의 모양도 달라진다.◆
	또한	그 위에 더. 또는 거기에다 더.
		▶ 오목 거울에 가까운 물체는 확대되어 보이므로, 오목 거울은 화장용 손거울이나 치과용 거울로 이용된다. **또한**, 오목 거울은 빛을 모을 수 있으므로 성화를 채화하거나 음식을 익히는 데 이용된다.◆
	(이와) 마찬가지로	마찬가지: [명사] 사물의 모양이나 일의 형편이 서로 같음. ['이와 마찬가지로'로 주로 쓰임]
		▶ 따뜻한 물과 찬물이 만나면 따뜻한 물 아래로 찬물이 파고들면서 둘 사이에 경계면이 생긴다. **이와 마찬가지로** 따뜻한 기단과 찬 기단이 만나면 잘 섞이지 않고 경계면이 생긴다.
	그뿐(만) 아니라	▶ 물은 우리 몸을 구성하는 중요한 영양소 중 하나이다. **그뿐 아니라**, 체온을 조절하며 여러 가지 물질을 운반하는 역할도 한다.
원인	그 이유는 *그 까닭은	이유 : [명사] 어떠한 결론이나 결과에 이른 까닭이나 근거. ['그 까닭은'으로 주로 쓰임, '때문이다'와 연결됨]
		▶ 에라토스테네스가 구한 지구의 둘레는 실제 지구의 둘레와 차이가 있다. **그 까닭은** 지구가 완전한 구형이 아니고, 두 지점 사이의 거리 측정값이 정확하지 않기 때문이다.◆
	왜냐 하면	앞 내용에 대한 원인이나 이유를 뒤 내용에서 말할 때 쓰여 앞뒤 문장을 이어 주는 말. [고려대한국어대사전] ['때문이다'와 연결됨]
		▶ 집이나 학교 등의 건물에서 전기 배선은 병렬연결되어 있다. **왜냐하면** 전원 장치에 전기 기구를 병렬연결하면 각 전기 기구에 220V의 동일한 전압을 걸 수 있고, 전기 기구를 각각 켜거나 끌 수 있어 사용하기 편리하기 때문이다.◆

엄떵이 쌤의 세 가지 맛 과학 공부법 ·

		앞의 내용이 뒤의 내용의 원인이나 근거, 조건 따위가 될 때 쓰는 접속 부사.
결과	**그래서**	▶ 지구는 태양을 중심으로 일 년에 한 바퀴씩 서쪽에서 동쪽으로 공전한다. **그래서** 태양이 별자리를 배경으로 같은 방향으로 이동하여 일 년 후 처음의 위치로 되돌아오는 것처럼 보인다.
		앞의 내용을 받아들이거나 그것을 전제로 새로운 주장을 할 때 쓰는 접속 부사.
	그러면	▶ 우리가 어떤 물체를 바라보면 물체에서 나온 빛이 각막과 수정체를 통과하면서 굴절된 다음, 유리체를 지나 망막에 상을 맺는다. **그러면** 망막의 시각 세포가 빛 자극을 받아들이고, 이 자극이 시각 신경을 통해 뇌로 전달되어 물체의 모습을 보게 된다.◆
		결과: [명사] 어떤 원인으로 결말이 생김. 또는 그런 결말의 상태. ['그 결과'로 주로 쓰임]
	그 결과 (로)	▶ 대기 중에 증가한 온실 기체는 지구 복사 에너지를 더 많이 흡수하고, 더 많은 복사 에너지를 지표로 방출한다. **그 결과** 온실 효과가 강화되어 지구의 평균 기온이 높아지는데, 이를 지구 온난화라고 한다.◆
		앞에서 말한 일이 뒤에서 말할 일의 원인, 이유, 근거가 됨을 나타내는 접속 부사.
	따라서	▶ 광물은 각각 다른 특성을 띠고 있으며, 이러한 광물들이 모여 암석을 이룬다. **따라서** 암석을 이루고 있는 광물의 종류에 따라 암석의 특징이 다르게 나타난다.◆
	*이를 통해	▶ 자전거 타이어에 공기를 넣으면 팽팽해진다. **이를 통해** 용기의 벽에 충돌하는 입자의 수가 많을수록 기체의 압력이 커진다는 것을 알 수 있다.
	*이에 따라	▶ 숨을 들이쉴 때에는 가로막이 내려가고 갈비뼈가 올라가면서 흉강의 부피가 커진다. **이에 따라** 폐의 부피도 커지고, 폐 내부의 압력이 대기압보다 낮아져 공기가 몸 밖에서 폐 안으로 들어온다.◆

종결	즉	다시 말하여.
		▶ 화학 반응이 일어날 때 원자의 배열은 달라지지만, 원자의 종류와 수는 변하지 않는다. **즉**, 화학 반응이 일어나면 원자의 배열이 달라져 반응 전 물질과 다른 새로운 물질이 생성된다.◆
	이처럼 (=이와 같이)	눈앞의 사람이나 사물의 모양이나 상태를 가리키거나, 앞 내용의 양상을 받아 뒤의 문장을 이끄는 말.
		▶ 고무공을 누르면 모양이 변하고, 굴러오는 공을 밀면 공의 모양이 변할 뿐만 아니라 운동 방향과 빠르기가 변한다. **이처럼** 물체에 힘을 가하면 물체의 모양, 운동 방향, 빠르기가 변한다.◆
		▶ 물질은 한 가지 상태로만 존재하는 것이 아니라 다른 상태로 변할 수 있다. **이와 같이** 물질의 상태가 변하는 것을 상태 변화라고 한다.◆
예시	예를 들어	예: [명사] 무엇을 설명하거나 증명하는 데에 본보기가 될 만한 사물. [고려대한국어대사전] ['예를 들어'로 주로 쓰임]
		▶ 같은 종의 생물에서 체세포 속 염색체 수는 같다. **예를 들어** 사람의 세포에는 46개의 염색체, 감자의 세포에는 48개의 염색체가 들어 있다.
조건	다만	앞의 말을 받아 예외적인 사항이나 조건을 덧붙일 때 그 말머리에 쓰는 말.
		▶ 소리는 주로 공기의 진동으로 전달되는 파동이다. **다만** 진공에서는 소리를 전달할 매질이 없어 소리가 전달되지 않는다.
	만약	혹시 있을지도 모르는 뜻밖의 경우에. ['-면'과 연결됨]
		▶ **만약** 겉보기 등급과 절대 등급이 같은 별이 있다면, 그 별까지의 거리는 10pc일 것이다.◆

엄떵이 쌤의 세 가지 맛 과학 공부법 ·

강조	비록	아무리 그러하더라도. ['-ㄹ지라도', '-지마는(=-지만)'과 연결됨]
		▶ **비록** 멸종위기 야생생물의 보호에 대한 필요성을 당장 느끼지 못할지라도, 그들도 우리와 함께 살아갈 권리가 있다는 것을 늘 기억해야 한다.
	특히	보통과 다르게.
		▶ 세포에서 생명 활동이 일어나면 여러 가지 물질이 만들어진다. **특히**, 세포에서 단백질이 분해될 때에는 암모니아라는 노폐물이 만들어진다.◆

공간적 질서, 시간적 질서를 담아낼 수 있어요

문장과 문장을 잇는 방법은 또 있어요. 앞서 소개한 '접속 표현'이 형식을 이용한 방법이라면요. 이번엔 내용 안에 '질서'를 담는 방법이에요. (감사하게도 접속 표현이 아주 드물게 보이기도 합니다.) 바로 공간적 질서나 시간적 질서, 논리적 질서로 문장을 나열하는 겁니다.

문장과 문장 사이에 숨은 질서를 설명하기 위해 엄떵이의 또 다른 추억을 소환하겠습니다. 초등학교 때 친구와 롤러스케이트를 자주 탔어요. 앞뒤로 바퀴가 2개씩 있는 '쿼드 롤러스케이트'였는데요. 저에겐 스케이트가 없었기 때문에 친구의 스케이트를 한 짝씩 나눠 신고 신나게 놀았죠.

표 4-5 문장 사이의 질서

문장 사이의 질서		교과서 문단 예시
공간적 질서		인공위성에서 지구를 살펴보면 넓게 펼쳐진 대륙과 바다, 모양과 크기가 다양한 구름을 볼 수 있다. 지표 부근에서는 산, 강, 호수, 초원, 숲 등을 볼 수 있으며, 밤하늘에서는 달을 비롯한 여러 천체들을 볼 수 있다.◆
시간적 질서		공기 덩어리가 상승하면 주변의 기압이 낮아져 단열 팽창이 일어난다. 이때 공기 덩어리의 온도가 낮아져 상대 습도가 높아진다. 계속된 공기 덩어리의 상승으로 기온이 이슬점에 도달하여 상대 습도가 100%가 되면 수증기가 응결하여 물방울이 된다. 이 과정으로 만들어진 물방울이 모여 있는 것이 구름이다.
논리적 질서	원인-결과	지표면 근처에 있는 모든 물체에는 질량에 9.8을 곱한 크기만큼의 중력이 작용한다. 따라서 자유 낙하하는 공은 1초가 지날 때마다 9.8m/s씩 빨라지는 운동을 한다.
	현상-이유	건조한 날 스웨터를 벗을 때 찌지직 소리가 나고 따끔함도 느낄 수 있다. 이는 마찰로 인해 전기가 발생했기 때문이다.
	원리-적용	밀도 차를 이용하면 섞이지 않는 액체 혼합물을 쉽게 분리할 수 있다. 물과 기름의 혼합물을 분별 깔때기에 넣으면 물은 밀도가 커서 가라앉고, 기름은 밀도가 작아 물 위로 떠올라 층을 이루기 때문에 둘을 분리할 수 있다.
	문제-해답	지구 온난화로 인해 빙하가 녹아 해수면이 상승하고 생물의 서식지가 파괴되고 있으며 폭우, 폭염, 가뭄 등의 기상 이변이 발생하고 있다. 이 같은 피해를 줄이기 위해 일상에서 에너지 절약을 생활화하고 친환경 제품을 사용하며 대중교통을 이용하는 등의 개인적 노력이 필요하다.
	추리-결론	갑작스러운 위험으로부터 우리 몸을 보호하려면 반응이 빨라야 할 것이다. 뜨거운 물체에 손이 닿았을 때 바로 손을 떼거나 밝은 빛을 볼 때 동공의 크기가 자동으로 조절되는 행동은 무의식적인 반응이다. 이 같은 무조건 반사는 대뇌를 거치지 않아 경로가 짧기 때문에 반응이 빠르게 일어난다.

중심문장 -예시	물질의 특성을 이용하여 혼합물로부터 순물질을 분리할 수 있다. 증류탑에 원유를 공급하면 끓는점에 따라 액화 석유 가스, 휘발유, 등유, 경유, 중유, 아스팔트 등으로 분리된다. 바다에 유출된 기름은 물보다 밀도가 작아 바닷물 위에 뜨기 때문에 흡착포로 제거할 수 있다. 불순물을 포함한 천일염은 재결정을 이용한 거름 장치를 통해 정제할 수 있다.
중심문장 -보충	암석은 '암석의 순환'을 통해 다른 암석으로 변하는 과정을 거친다. 화성암이 오랜 시간 잘게 부서지고 깎이면 퇴적물이 되고 퇴적물이 쌓이고 다져져 굳으면 퇴적암이 된다. 퇴적암이 높은 열과 압력을 받으면 변성암이 된다. 변성암이 더 높은 열과 압력으로 녹으면 마그마가 되고 마그마가 식어서 굳으면 화성암이 된다.

우리가 자주 찾아간 곳은 차가 많이 다니지 않고 경사도 적당히 있어서, 스케이트를 타기에 딱 좋았어요. 길옆 주택가 화단에 핀 꽃이 눈을 즐겁게 해주었구요. 스케이트를 타기 전 차가 없어 고요한 내리막길과 함께 화단에 핀 꽃을 드론으로 촬영한다고 가정해볼게요. 내리막길 최고 높은 지점부터 스케이트를 타듯 시선이 내려가며 주위의 풍경까지 담아낸 글을 쓰면 '공간적 질서'가 부여되는 거예요.

다음은 과학 교과서에서 많이 나오는 '시간적 질서'예요. 시간순으로 실험 과정이 나오기도 하구요. 특정 시간이 지난 후의 변화를 담아내는 경우가 이에 해당돼요. 물리학에서 운동하는 물체의 시간에 따른 운동 변화, 화학에서 화학 반응 전과 후의 변화, 생명과학에서는 세포분열 과정이 떠오르구요. 지구과학에서는 천체의 운동과 구름의 생성 과정이 생각납니다. 모두 운동이나 시간에 따른 변화와 관련이 있네요.

친구와 오르막길을 걸어 올라가서 사이좋게 스케이트를 한 짝씩 나눠 신고 끈을 묶는 모든 과정이 시간순으로 그려져요. 다 준비되면 내리막길을 시원하게 타고 내려가는 장면으로 이어집니다. 이 과정에서 무엇 하나 빠지면 위험해질 수 있어요. (여러분! 스케이트 끈 단단히 매야 하구요. 헬멧과 무릎 보호대는 필수입니다.) 과학에서는 실험 결과가 엉터리가 될 수도 있죠. 그래서 주제에 맞는 실험 과정에서 특정 단계를 묻는 문제가 많은 거예요.

논리적 질서를 파악할 수 있나요?

내리막길을 따라 내려가다 보면 스릴이 넘쳐요. 평지에서 스케이트를 탈 때보다 훨씬 빠르고, 힘을 줄 필요도 없으니 너무 신나요. 그래서 다시 오르막길을 올라가야 하는 것쯤은 문제도 안 돼요. 그렇다면 왜 평지보다 덜 힘들까요? 바로 '빗면에서의 운동' 때문입니다. 평지에서는 처음에 힘을 가해주어야 하고, 다리를 번갈아 옆으로 뻗어 나아가며 무게중심도 잡아야 하죠. 하지만 내리막길에서는 가만히 서 있기만 해도 되거든요. 빗면에서의 운동이 '원인'이라면 스케이트의 속력이 '결과'입니다. 친구와 저에게는 우정과 즐거움이 그 결과로 남았구요.

어랏! 드론에 안타까운 모습이 담겼네요. 친구와 손을 잡고 타다가 함께 넘어져 바닥에 주저앉아 있어요. 넘어지면서 손바닥이 쓸려 상처가 나고 무릎도 야무지게 찧었습니다. 내리막길을 너무 쉽게 본 탓이죠. 헬멧과 무릎 보호대도 없이 덤볐으니까요. 이렇게 아파하는 모습이 '현상'이라면 헬멧과 무릎 보호대를 하지 않은 것이 '이유'가 되죠. 이유와 원인이 비슷해 보이지만, 이유는 상식에 근거한 것이구요. 원인은 분석과 추론에 의한 것입니다. 그래서 빗면의 운동에서 스케이트를 탄 사람에게 작용하는 힘인 중력과 수직항력이 나와야 두 힘의 합력을 통해 속력이 빨라짐을 명확하게 설명할 수 있답니다.

헬멧과 무릎 보호대가 왜 필요한지 알 것 같아요. 느낌으로만 아는 것이 아니라 과학적인 원리를 찾아야겠어요. 헬멧 내부에 든 두꺼운 충격 흡수제와 무릎 보호대 속 압축스펀지가, 외부에서 가해지는 충격으로부터 머리와 무릎을 보호해주거든요. 이때 '충격량'이라는 과학 개념 속 충돌 시간과 충격력의 관계를 이용하는데요. 헬멧과 무릎 보호대로 충돌 시간을 길게 해 충격력을 줄여줘요. 이제는 보호장비를 착용하고 더 신나게 스케이트를 타야겠어요. 이것이 바로 원리를 적용한 예에 해당합니다.

만약 스케이트 한 짝이 주는 재미만으로 만족이 안 된다면요? 한 명이 스케이트 양쪽을 다 신고 타면 되겠네요. '문제'에 대한 '해답'을 찾았습니다. (이때는 꼭 평지에서 스케이트를 안전하게 즐겨야겠습니다.)

첫 문장이 '비가 올 때는 스케이트를 타지 않는 것이 좋겠다.'로 시작한다면, 그다음 문장에는 길에 물기가 있을 때 생길 수 있는 현상과 함께 달라질 속력에 대한 내용이 이어질 거예요. 이는 '추리'와 '결론'에 해당합니다. (비를 맞으며 타고 싶어도 안전사고 예방을 위해 참아주세요.)

그림 4-4 롤러스케이트를 타는 모습

중심 문장과 예시를 통해 논리적 질서를 담을 수도 있습니다. '친구와 우정을 쌓아가는 방법은 아주 다양하다'는 문장에 대해 고구마 구워 먹기, 롤러스케이트 타기 등의 예를 든다면 '중심 문장-예시'가 되는 거지요. 중심 문장 다음에 다양한 우정 쌓기의 방법이 예시로 주어져야 하는 것이 당연하구요.

또한 중심 문장을 보충하는 형식으로 이어질 수도 있습니다. '친구와 롤러스케이트를 타는 것이 그 어떤 놀이보다 재미있다'라는 문장 뒤에는, 친구와 스케이트를 타다가 넘어져서 까르르 웃는 모습도 담을 수 있겠네요. 다른 놀이에서 느낄 수 없는 재미에 대해 이야기하는 것이 순서겠지요. 또 다른 놀이와 비교하는 내용을 추가할 수도 있을 거구요. 이것이 '중심 문장-보충'입니다.

　지금까지 소개한 문장 사이의 질서는 곧 서술형 평가의 틀이기도 해요. 여러 문장을 쓸 때 문장을 나열하는 원리가 되거든요. 시간순으로 나열된 경우 생략된 과정을 물을 수 있구요. 논리적 질서에서 짝으로 제시된 것 중 한 가지만 주어질 수도 있어요. 결과나 현상, 원리, 문제가 주어지고, 그에 해당하는 원인이나 이유, 적용한 예나 해답을 묻는 거죠. 그런데 너무 당연한 것 아닌가요? 결과가 주어지면 원인이 궁금할 테구요. 현상이 주어지면 이유를, 원리가 주어지면 이를 적용한 예시를, 문제가 주어지면 해답을 제시해야죠. 또 중심 문장 다음에 예시나 보충할 내용이 오는 것이 아주 자연스럽다는 겁니다.

　어려운 문제일 경우엔 실험 과정만 주어진 채 결과와 원인을 다 묻기도 하구요. (이때 원인은 대부분 과학 법칙이나 원리에 해당합니다.) 특정 현상만 제시하는 경우 그 속에서 원리를 찾고 새롭게 적용한 예까지 물을 수 있어요.

　이렇게 문장 사이의 질서까지 공부해도요. 교과서를 읽다 보면 중심 문장 찾기가 어려울 수 있어요. 문장 안에 있는 과학 개념들이 익숙하지 않아 그렇게 느낄 수도 있구요. 또 모든 문장이 중심 문장이라고 해도 될 만큼 놓칠 수 없는 문장들로 채워져 있기 때문이에요. 한 문장이 빠지면 다음 문장이 이해되지 않을 정도로요. 그래서 교과서 속에 있는 모든 문장을 정성껏 읽어야 한답니다.

6

차례를 통해 과학 개념과 문장을 넘나들 수 있다면 '하산'하세요

차례에 답이 있습니다

인생의 절반 이상을 학생으로 살았어요. 학생이라는 직업이 익숙해질 때도 됐는데, 지금도 가끔 시험 보는 꿈을 꿀 정도지요. 그런 제가 '진짜 공부'를 시작했던 순간이 있어요. 교사가 되기 위해 공부했던 시간인데요. 그때 가장 도움이 된 공부법 중 으뜸은 '차례'를 이용한 내용 정리였어요. 차례를 이용하기 전에는 뿌리, 줄기, 잎을 따로 공부했어요. 그런데 차례의 중요성을 알고부터는 이들이 연결된 나무 한 그루, 그 옆에 있는 나무와의 관계, 다양한 나무들로 채워진 숲 전체를 연결하며 공부한 거죠. 급기야 차례가 상세하게 나온 책은 차례만 오리기도 했어요. 여행 가기 전 지도에서 도시의 위치를 확인하듯 공부하기 전 미리 차례를 들여다봤답니다.

지금도 차례 사랑은 여전합니다. 첫 시간 "차례를 차례차례 펴보자."라며 차례부터 강조하구요. (몇 명 싱긋이 웃어주니 감사할 따름입니다.) 새로운 단원에 들어가기 전 차례에 있는 단원명을 쪼갠 후 과학 개념을 엮어서 간단히 설명해요. (모든 단원은 아니구요. 차례의 구성이 논리적으로 의미가 있을 때만요.) 그런데요. 해당 단원을 공부하기 전까지는 무슨 내용인지 알기가 어려워요. 그래서 차례를 이용한 공부법은 대단원을 다 공부한 후에 하는 것이 효과적입니다.

차례를 이용하면 특정 개념 다음에 이어질 개념이 자연스럽게 유추되고요. 차례와 함께 교과서 내용까지 번갈아 들춰보면 특정 개념과 같은 단계에 해당하는 개념을 덩어리로 익힐 수 있어요. 상의어와 하의어도 함께 볼 수 있구요. 이 개념 덩어리를 익히는 과정에서 저절로 분류가 됩니다. 그래서 차례는 머릿속에 개념으로 채워진 서랍장을 만들고 라벨링할 때 꼭 필요해요. (저에겐 책을 살지 말지 결정하게 하는 중요한 기준도 됩니다.)

단원명을 쪼개다보면 공부의 흐름이 보여요

이제 '단원명 쪼개기'를 해볼까요? '쪼개기'는 단원명에 나오는 단어들을 연결하면서 의미를 파악하는 거예요. 중학교 2학년 때 처음 배우는 '화학(化學)' 단원을 갖고 왔어요. 화학은 한자 '될 화(化)'가 있어 '무엇이 되는 것'과 관련된 학문인데요. 무엇이 만들어지려면 '재료'가 있어야겠

엄떵이 쌤의 세 가지 맛 과학 공부법·

죠. 그 재료가 바로 '물질'이에요. 그래서 화학 단원을 보면 모두 '물질'이라는 단어가 있어요. 또 '될 화(化)'는 변화를 의미하기도 하니 화학 변화도 함께 떠올려주세요.

· 물질의 구성 ·

1· 물질의 기본 성분

01. 물질을 이루는 기본 성분

02. 원소를 확인하는 방법

2· 물질의 구성 입자

01. 물질을 이루는 원자

02. 원자가 결합한 분자

03. 기호로 나타내는 원소와 분자

3· 전하를 띠는 입자

01. 전하를 띠는 이온

02. 이온을 확인하는 방법

화학의 시작은 '물질이 무엇으로 되어 있나?' 알아보는 겁니다. '물질을 이루는 기본이 되는 성분'을 줄여서 '기본 성분(基本成分, 기초 기, 근본 본, 이룰 성, 나눌 분)'이라고 하는 거구요. 이것을 '원소'라고 합니다. 또 '원소를 확인하는 방법'에서는 어떤 물질에 특정 원소가 들어 있는지 알아낼 방법이 나옵니다. 책을 들춰보면 '불꽃 반응'과 '선 스펙트럼'에 대한 내용이 자세히 나올 거예요. 이렇게 차례에 없는 핵심 과학 개념을 추가로 적어주세요.

기본 성분을 공부하고 나면, 이제 물질을 쪼개볼 거예요. '물질을 이루는 원자'라는 단원명에서 원자의 정의가 떠오르면 좋겠네요. '물질을 이루는 기본 입자'가 바로 '원자'거든요. 원자는 눈에 보이지 않을 만큼 작기 때문에 모형이 함께 나올 테구요.

다음으로 원자와 관련된 새로운 입자를 배워요. '원자가 결합한 분자'라는 단원명만 봐도 원자가 모여서 분자가 된다는 것, 분자가 되기 위해 원자가 필요하다는 것쯤은 눈치챌 수 있죠. (차례에 단원을 넘나드는 화살표를 추가해 '결합해'라고 적어보세요. 자기가 쓴 글자라 더 눈에 띌 거예요.) 또 분자는 원소 기호를 이용해 분자식이라는 기호로 표기합니다. 분자를 만들기 위해 어떤 원자가 몇 개 결합했는지에 따라 분자식이 달라지는 거죠. 분자 역시 모형을 통해 쉽게 접근할 수 있어요.

마지막 입자는 전하를 띠는 '이온'입니다. '그렇다면 전하를 띠지 않는 입자가 있다는 거구나.' 생각할 수 있겠지요. 맞아요. 앞서 배운 원자와 분자는 전하를 띠지 않아 전기적으로 '중성'입니다. 이온도 원소 기호에 전하의 종류와 잃거나 얻는 전자 수를 표현한 '이온식'이 있어요. 또 '앙금 생성 반응'을 통해 이온을 확인할 수도 있구요. 어때요? 대단원 내용이 하나로 연결되나요?

지금까지 대단원 '물질의 구성'의 차례를 이용해 과학 개념을 엮어봤어요. 파란색으로 여러 과학 개념을 추가로 적구요. '입자'로 분류할 수 있는 원자와 분자, 이온도 눈에 띄게 표시하고 나니, 대단원의 구성이 한눈에 들어오는 '나만의 풍성한 차례'가 만들어졌어요.

엄떵이 쌤의 세 가지 맛 과학 공부법·

이제 새로워진 차례를 보면서 '물질의 구성'이라는 단원 속에서 핵심 과학 개념을 뽑아볼게요. 원소-원자-분자-이온이 큰 구슬로 꿰어지네요. 이 개념만 보고도 '기본 성분', '기본 입자', '물질의 성질', '양이온과 음이온'과 같은 내용이 떠오를 수 있으면 되는 겁니다. 또 개념 사이에 쓰일 '이루다', '결합하다'와 같은 단어가 떠오르면 서술형 평가도 걱정 없지요. 이때 원소, 원자와 분자, 이온과 같은 핵심어는 무조건 통째로 외워야 한답니다. (엽록체를 염녹체처럼 어설프게 외우면 안 돼요. 표기와 발음은 다르다는 것! 명심하세요.)

차례 속 단원이 어떻게 구성되어 있는지 확인해볼까요?

대단원 '물질의 구성'을 쪼개서 개념을 엮었으니, 이제는 단원의 형태에 집중해보려구요. 대단원 속 중단원이 어떤 구조로 이루어져 있는지 볼 거예요. 그러면 앞서 나온 차례의 뼈대로 정돈된 개념 서랍장을 만들 수 있어요.

차례를 공부하고 나면 대단원의 구성 형태가 표 4-6처럼 나뉩니다. 맨 앞에 있는 줄(─)은 대단원, 동그라미(○)는 중단원이구요. 양쪽 화살표(⇌)는 개념이 자세히 전개되거나 확장됨을 뜻해요. (두 번째와 세 번째의 경우 대단원에서 나뉜 두 줄기의 순서는 바뀔 수 있어요.) 중단원이 2개인 경우는 첫 번째처럼 병렬식이거나 네 번째처럼 개념이 전개 또는 확장되는 형태만 가능하겠네요.

	Ⅱ. 여러 가지 힘	Ⅰ. 물질의 구성	Ⅶ. 별과 우주	Ⅷ. 열과 우리 생활
단원	1. 중력과 탄성력 2. 마찰력과 부력	1. 물질의 기본 성분 2. 물질의 구성 입자 3. 전하를 띠는 입자	1. 별 2. 은하와 우주 3. 우주 탐사	1. 열 2. 비열과 열팽창
구성	＜○○○	（트리 구조 도식）	⊏○⇌○	─○⇌○⇌○

표 4-6　대단원의 구성 형태

'중력과 탄성력', '마찰력과 부력'으로 구성된 '여러 가지 힘' 단원은

엄떵이 쌤의 세 가지 맛 과학 공부법 ·

첫 번째처럼 병렬식이구요. '물질의 구성' 단원은 두 번째처럼 구성되어 있어요. '별'에서 시작해 '은하와 우주'로 확장한 다음, '우주 탐사'로 방향을 튼 '별과 우주' 단원은 세 번째처럼 구성되어 있구요. '우주 탐사'를 '은하와 우주'의 연속으로 본다면 네 번째에 속한다고도 볼 수 있죠. '열', '비열과 열팽창'처럼 더 구체적으로 내용이 들어가는 네 번째와 같은 구성이 될 수도 있어요.

'차례 공부법' 총정리 들어갑니다. 교과서 문장을 읽고 이해한 후 차례에 없는 핵심 과학 개념을 추가로 적어서 '나만의 풍성한 차례'를 만들어보세요. 그다음 손글씨로 채워진 차례를 보며 과학 개념을 연결해 문장으로 말해보는 거예요. 지금이 대단원 수준의 간략한 설명이라면, 엄떵이식 개념표를 이용한 문장 만들기는 중·소단원 수준의 더 자세한 설명이 되겠지요.

결국, 교과서 문장에서 과학 개념을 뽑아 차례를 만드는 것이 먼저구요. 만들어진 차례 속 과학 개념을 보면서 문장을 말해보는 겁니다. 더 간단하게는 '문장 ⇄ 개념'이 되겠네요. 오른쪽 화살표가 머릿속에 서랍장을 채워 넣는 과정(input)이라면, 왼쪽 화살표는 특정 서랍 칸에 있는 내용을 꺼내는 과정(output)이라 할 수 있어요. 두 과정이 동시에 일어나는 것은 아니지만 화학의 가역반응(可逆反應)과 닮았네요. 그리고 보니 공부가 가역반응의 끝임없는 반복 같습니다.

지금까지 메인 과학 요리에 한자와 국어 맛을 입혀봤습니다. 엄떵이식 개념표에서 만난 한자가 익숙해지면 교과서 속 과학 개념에 숨은 한자의 뜻이 떠오를 거예요. 반복해서 보다 보면 어느새 문장을 읽어내는 힘도 생길 테구요. 이제는 맛깔나게 어우러진 세 가지 맛을 여러분이 직접 느껴볼 차례입니다.

나오며

진짜로 과학을 시작해보기

:

자! 책을 마무리하며 과학 교사가 아닌 학창 시절을 먼저 보낸 입장이 되어 이야기해보려구요. 다시 중학생으로 돌아간다 해도 엄띵이는 송광사가 아닌 노래방을 선택할 거예요. 우리나라 3대 사찰 중 하나인 송광사에 소풍 가서 대웅전 한번 안 보고 노래만 부르고 온 게 저거든요. 롯데월드로 수학여행 갔다가 다른 길로 새는 바람에, 엄띵이부터 끝반까지 길을 잃어 담임 선생님께 혼이 났지요. 비까지 오는 날 버스를 못 찾아 헤맸던 기억이 생생해요. 다시 고등학생이 된다 해도 밤새려고 갔던 독서실 바닥에서 잠만 잘 게 뻔하구요. 하숙집에서 라면 부셔 먹으며 선생님 흉내도 내고 노래 부르면서 밤을 보냈을 거예요. 아마도 그럴 거예요.

딴 길로 새고 열심히 논 것 모두 제 선택이었습니다. 하지만 방황하던 긴 시간이 지난 후 꿈이 정해지고 나니 꿈은 더 소중해졌고 새로운 힘도 솟아났어요. 공부법에 대한 깊은 고민이 시간을 알차게 채워서 쓰는 습관을 불러와 좋은 결과까지 얻을 수 있었습니다. 그래서 이 자리에 있는 것이구요. 여러분은 지금 어떤 생각을 하고 있고, 나중에 어떤 사람이 되어 누구와 함께하길 원하나요? 그래서 지금 하고 싶은 건 무엇인가요?

저는 반대로 시간을 돌이켜 생각해봤어요. 난 왜 이 책을 쓰고 있고, 그 힘은 어디에서 왔을까 물으면서요. 그 과정에서 '연결'이라는 단어가 순간순간 선물처럼 다가와주었습니다. 시간을 많이 들이는데도 과학이 너무 어렵다는 사랑스러운 제자의 푸념이 제 가슴속에 강하게 남았구요. 고등학교 1학년 때 79점으로 반에서 국어 1등을 한 날도 떠오릅니다. 세상에서 아무도 기억 못 할 일이지만, '그래, 난 국어를 좋아했어.'라며 국문학을 공부하겠다는 결심으로 이어졌어요.

어릴 적 동네에 작은 서점이 있었어요. 계산대 바로 옆 귀퉁이가 제 자리였는데요. 그때 그 꼬마를 다정하게 쳐다봐주신 주인아주머니가 계셨기에 편하게 책을 읽을 수 있었어요. 또 아버지 덕분에 한자를 좋아하게 된 것은 말할 것도 없구요.

대학에서 다른 학과의 전공필수 과목을 신청하고 공부했던 무모함이 디딤돌이 되어주었고요. 혼자 들었던 한시 감상과 작문 교양 수업이 글 쓰는 내내 저를 조용히 응원해줬어요. 내가 경험하고 채우고 쌓은 것이 어디서 어떻게 표현될지 아무도 몰라요. 그러니 자신이 좋아하는 것에 집중해보고 새로운 것에 도전할 기회도 주세요.

공부에 소홀했다면 공부 세포를 깨우는 데 많은 시간이 필요할 거예요. 깨우고 나서도 한참은 노력해야 하구요. 중요한 것은 자기 자신에게 공부할 기회를 주는 거예요. 과학을 위한 한자 공부든 국어 공부든 뭐든

엄떵이 쌤의 세 가지 맛 과학 공부법 ·

좋습니다. 교과서를 정직하게 만나고 글밥 많은 다른 과학책도 만나보세요.

화학공학과에서 배운 것 중 제 삶의 모토가 있어요. 바로 'trial and error(시행착오)'입니다. 자신에게 잘 맞는 공부법을 찾는 것 또한 시행착오의 한 과정이 되겠지요. (제가 소개한 방법도 수많은 방법 중 하나일 거구요.) 나와 맞지 않다면 실패한 것이 아니라 다른 방법을 찾기 위한 기회가 생긴 거예요. 그러다 보면 '그 무엇이 되었든 아주 작은 성취도 수정된 실수의 역사다.'라는 말이 실감날 거예요. (칼 포퍼의 '과학은 수정된 실수의 역사이다'가 떠오르면 좋겠네요.)

이 책에서 소개한 과학 공부법을 정리해봅니다. (종례 같은 거지요.) 문학 작품을 읽을 때, 노래를 감상할 때 머릿속으로 상상하는 것처럼요. 과학 지문을 읽을 때도 상상하며 그림을 그려주세요. 태양이 나오면 붉게 타오르는 듯한 태양의 모습을, 심장이 나오면 힘차게 뛰고 있는 심장을 그려보세요. 운동하는 물체도 예외가 아니구요. 물질이 나올 때는 모형이나 자신만의 그림을 그려도 좋아요.

교과서를 만날 때 리듬 타며 끊어 읽고 차례를 풍성하게 만들어보세요. 공부를 마무리할 때는 차례를 보며 친구에게 '설명하는 선생님'이 되어보는 거예요. 또 학습 목표를 보고 시험에 나올 것 같은 예상 문제도 맞혀보구요.

시험을 보는 순간에는요. 문제를 읽은 후 머릿속 서랍장에서 핵심 과학 개념을 꺼내 문장을 자연스럽게 연결해주면 됩니다. 이때는 답안지를 '채점하는 선생님'이 되어야 해요. '이 미지수 같은 녀석! 개념 · 법칙·원리의 용어, 공식과 숫자 대입 과정에 단위기호까지 하나하나 다 잘 썼구만. 나무랄 데가 없어. 옜다 점수!' 이런 느낌으로요. (문제에 제시된 조건에 맞게 꼼꼼히 답안을 작성하라는 겁니다.) 또 알아볼 수 있게 바르게 글씨를 쓰는 것은 기본이지요. 이것이 엄떵이가 강조하는 '역지사지(易地思之)' 공부법이랍니다.

그렇다면 이제 선물과도 같은 책 속 개념표를 펼쳐보세요. '이 개념표를 모조리 다 외워주겠어.'라는 마음으로 개념표를 자주 열어보고 익숙하게 만들어보세요.

대입과 동시에 공부가 끝나는 시대는 지나갔어요. 평생 공부하는 시대거든요. 여기서 '공부'는 영어 단어를 외우고 수학 문제를 푸는 것 이상을 뜻해요. '인공지능 챗봇이 있으니 공부할 필요가 없다'라는 무지한 말은 금지예요. 챗봇을 잘 활용하는 사람과 아닌 사람은 중요한 차이가 있을 테니까요. 인공지능으로 '멋진 나의 미래 모습'을 이미지로 만들려면, 모습을 나타내는 단어를 알아야 하고, 그 단어들을 조합하는 능력도 필요해요. 이 능력으로 더 구체적이고 명료한 '프롬프트'를 만들어야 꿈꾸는 미래의 내 모습에 가까운 이미지를 얻을 수 있으니 말이죠.

과학 공부가 어려운 친구들에게 힘이 될 말 한마디 멋지게 하고 싶은데요. 그러면 또 말이 길어질까봐 챗봇 선생님께 부탁드렸습니다. 수많은 데이터를 학습한 챗봇 선생님의 생각이 궁금하기도 했구요. 어머나, 여러분들의 언어로 '완전 깜놀'입니다. 챗봇 선생님과 하이파이브 하고 싶을 정도네요. 어쩜 저와 생각이 이렇게 똑같을까요? (한 마디만 부탁했는데 여러 마디 하는 것까지요.) 그러니 걱정하지 말고 그냥 시작하세요.

엄떵이 쌤의 세 가지 맛 과학 공부법·

'trial and error'의 정신으로 자기 자신을 믿고 말이죠. 뭐 또 실패하면 어때요? 다시 도전하면 되죠.

> **You**
> 과학 공부를 어려워하는 학생들에게 한 마디만 해줘.
>
> **Chatbot**
> 시작은 쉬운 것부터 차근차근, 자기 자신에게 질문을 허락하고 실패를 허용해주세요. 과학은 탐구의 과정이고 오류에서 배우는 것입니다. 포기하지 마세요!

참고문헌

:

단행본

- 고성환 · 이상진(2017). 글쓰기, 한국방송통신대학교출판문화원.
- 권재술 · 김범기 · 강남화 · 최병순 · 김효남 · 백성혜 · 양일호 · 권용주 · 차희영 · 우종옥 · 정진우(2015). 과학교육론, 교육과학사.
- 손종흠(2017). 생활한문, 한국방송통신대학교출판문화원.
- 윤석민 · 조남호(2021). 언어와 의미, 한국방송통신대학교출판문화원.
- 조희형 · 김희경 · 윤희숙 · 이기영(2016). 과학교육론, 교육과학사.

교과서 및 교육과정해설서

- 교육부(2023). 2002 개정 교육과정에 따른 교과용도서 개발을 위한 편수자료 Ⅲ-기초과학, 정보편.
- 교육부(2022). 중학교 과학과, 국어과 교육과정 해설.
- 교육부(2015). 중학교 과학과, 국어과 교육과정 해설.
- 임태훈 외 12인(2019). 중1과학, 중2과학, 중3과학 비상교육.

논문 및 학회지

- 강지영(2015). 고등학교 학생들의 과학단위 사용과 이해, 한국교원대학교 교육대학원 석사학위논문.

- 김유정, 최길순, 노태희(2009). 고등학생들의 과학 그래프 작성 및 해석 과정에서 나타 난 오류, 한국과학교육학회지, 제29권 8호, pp. 978-989.

- 김태선, 김범(2002). 중고등학생들의 과학 그래프 작성 및 해석 능력, 한국과학교육학 회지, 제22권, 4호, pp. 768-778.

- 김현아(2016). 국어 문장부사 연구, 이화여자대학교 대학원 석사학위논문.

- 국제단위계(The International System of Units). 제 9차 개정판(2022), 한국표준과학연 구원.

- 안영주(2012). 중학생의 인지양식에 따른 그래프 작성 및 해석 능력과 과학 탐구 능력 에 관한 연구, 이화여자대학교 대학원 석사학위논문.

- 이남경(2008). 접속부사 교육 연구, 숙명여자대학교 교육대학원 석사학위논문.

- 전이수(2023). 학습자 접속표현 사용양상 연구: 문두 접속표현을 중심으로, 연세대학교 대학원 석사학위논문.

그림 출처

:

그림 1-1	DALL · E 생성 이미지
그림 2-2	pch.vector/freepik.com; macrovector/freepik.com; rawpixel.com/freepik.com
그림 2-3	(왼쪽) zirconisusso/freepik.com; (가운데) KamranAydinov/freepik.com
그림 2-11	ChatGPT (OpenAI) 생성 이미지
그림 2-12	(왼쪽) freepik.com
그림 2-13	(왼쪽) pikisuperstar/freepik.com; (오른쪽) chikenbugagashenka/freepik.com
그림 2-14	Eric R. Pianka, *Evolutionary Ecology* 7판, 2011.
그림 2-15	ⓒ 온핸드
그림 3-2	(위 왼쪽) photoroyalty/freepik.com; (위 오른쪽) sentavio/freepik.com; (아래 왼쪽) macrovector/freepik.com; (아래 오른쪽) freepik.com
그림 3-4	brgfx/freepik.com
그림 3-6	shutterstock
그림 3-8	(오른쪽) shutterstock
그림 3-9	shutterstock
그림 3-10	shutterstock
그림 3-15	shutterstock
그림 4-1	ChatGPT (OpenAI) 생성 이미지

그림 4-2 (왼쪽부터) 국립생물자원관; 유승화(위키피디아); ⓒ 현진오; ⓒ 박상무; 국립생물자원관; 국립생물자원관

그림 4-3 (왼쪽) brgfx/freepik.com; (오른쪽) pch.vector/freepik.com

그림 4-4 DALL · E 생성 이미지

엄띵이 쌤의
세 가지 맛
과학 공부법

1판 1쇄 찍음 2025년 9월 13일
1판 1쇄 펴냄 2025년 9월 27일

지은이 성진주

편집 김현숙, 김주희 | **디자인** 이현정, 전미혜
마케팅 백국현(제작), 문윤기 | **관리** 오유나

펴낸곳 궁리출판 | **펴낸이** 이갑수

등록 1999년 3월 29일 제300-2004-162호
주소 10881 경기도 파주시 회동길 325-12
전화 031-955-9818 | **팩스** 031-955-9848
홈페이지 www.kungree.com
전자우편 kungree@kungree.com
페이스북 /kungreepress | **트위터** @kungreepress
인스타그램 /kungree_press

ⓒ 성진주, 2025.

ISBN 978-89-5820-913-3   03400